深度学习处理结构化数据实战

[加] 马克·瑞安(Mark Ryan) 著

史跃东 译

U0221546

清华大学出版社

北 京

北京市版权局著作权合同登记号　图字：01-2021-4603

Mark Ryan
Deep Learning with Structured Data
EISBN: 978-1-61729-672-7
Original English language edition published by Manning Publications, USA © 2020 by
Manning Publications. Simplified Chinese-language edition copyright © 2021 by Tsinghua
University Press Limited. All rights reserved.

图书在版编目(CIP)数据

深度学习处理结构化数据实战 / (加) 马克·瑞安(Mark Ryan) 著；史跃东译. —北京：
清华大学出版社，2022.1
　书名原文：Deep Learning with Structured Data
　ISBN 978-7-302-59129-0

I. ①深… II. ①马… ②史… III. ①机器学习　IV. ①TP181

中国版本图书馆 CIP 数据核字(2021)第 182176 号

责任编辑：王　军
封面设计：孔祥峰
版式设计：思创景点
责任校对：成凤进
责任印制：丛怀宇

出版发行：清华大学出版社
　　　　　网　　　址：http://www.tup.com.cn，http://www.wqbook.com
　　　　　地　　　址：北京清华大学学研大厦 A 座　　　　邮　　编：100084
　　　　　社 总 机：010-62770175　　　　　　　　　　　邮　　购：010-62786544
　　　　　投稿与读者服务：010-62776969，c-service@tup.tsinghua.edu.cn
　　　　　质 量 反 馈：010-62772015，zhiliang@tup.tsinghua.edu.cn
印 装 者：保定市中画美凯印刷有限公司
经　　销：全国新华书店
开　　本：148mm×210mm　　　印　　张：9.625　　　字　　数：259 千字
版　　次：2022 年 1 月第 1 版　　印　　次：2022 年 1 月第 1 次印刷
定　　价：79.80 元

产品编号：089202-01

献给我的女儿Josephine。

她总是提醒我，上帝才是真正的作者。

译 者 序

　　趁着 2021 年元旦休假，终于译完了手头这本深度学习方面的书籍。毋庸置疑，深度学习是近年来最火热的 IT 技术，能够投身其中并为其在国内的推广作出微薄的贡献，也算是与有荣焉了。

　　这是笔者翻译的第六本书。从早期的 Oracle 数据库，到这两年翻译的 MySQL、大数据以及机器学习，翻译的轨迹变化，恰恰反映了当前 IT 技术的发展趋势。AI/ML 相关的技术及理论虽然在 20 世纪中叶就已经崭露头角，然而真正发光发热基本是 2010 年以后的事情。

　　虽然还有人纠结现在的新技术浪潮是否可称得上人类历史上的第四次科技革命，但是 AI/ML，尤其是其中的深度学习技术，在未来的人类生活中会扮演什么样的角色，早已是无可争议的事情——它将在诸多方面改变我们的日常生活及工作，并深入影响和推动着整个人类社会的进步。

　　与其他深度学习技术关注的领域不同，本书侧重于将深度学习技术应用于结构化数据。从数据集的清理，到模型的训练，再到模型的性能指标分析，以及最终的模型部署，本书是按照深度学习项目的具体流程来编排章节的，因此各个章节相互衔接，前后呼应，构成了一个完整的体系。同时，在涉及相关的理论知识和新的工具或者技术时，作者都会进行简要的介绍，从而让读者对整个深度学习技术栈建立起全面的认知。至于代码部分，则更是尽量详尽，务求让读者完全理解并充分掌握。

　　非常感谢清华大学出版社的王军老师，使我有机会参与到深度学习相关书籍的翻译工作中。书中若有任何不当或者遗漏之处，请各位读者不吝赐教。

尤其要感谢我的妻子，在十余天的休假期间，她一直为我提供支持和帮助，使我能够如此快速地将本书翻译完毕并付梓出版。

——史跃东

作者简介

Mark Ryan 是加拿大多伦多 Intact Insurance(加拿大最大的房产、汽车和商业保险公司，隶属于加拿大 Intact Financial Corporation)的数据科学经理。Mark 热衷于宣扬机器学习的好处，常组织机器学习训练营，使参与者能够亲身体验机器学习的世界。他潜心于深度学习，努力解锁深度学习在结构化表格数据处理上的潜力，此外，他还对聊天机器人和自动驾驶汽车的潜力深感兴趣。Mark 拥有加拿大滑铁卢大学的数学学士学位和多伦多大学的计算机科学硕士学位。

致　谢

在我撰写这本书的一年半中，我需要感谢很多人提供的支持和帮助。首先，我要感谢 Manning 出版社的团队，尤其是编辑 Christina Taylor 专业的指导。我要感谢我之前在 IBM 时的主管，尤其是 Jessica Rockwood、Michael Kwok 和 Al Martin，因为是他们给了我编写本书的动力。同时，我要感谢我目前所在的 Intact 团队所提供的支持，特别是 Simon Marchessault-Groleau、Dany Simard 以及 Nicolas Beaupré。此外，我的朋友们一直在鼓励我。我要特别感谢 Laurence Mussio 博士和 Flavia Mussio 博士，他们都是我写作过程中的热情支持者。Jamie Roberts、Luc Chamberland、Alan Hall、Peter Moroney、Fred Gandolfi 以及 Alina Zhang 也都给了我很多鼓励。最后，我还要感谢我的家人 Steve 和 Carol、John 和 Debby，以及 Nina 对我的爱。"我们是一个文学大家庭，感谢上帝。"

对本书发表过意见和评论的如下各位：Aditya Kaushik、Atul Saurav、Gary Bake、Gregory Matuszek、Guy Langston、Hao Liu、Ike Okonkwo、Irfan Ullah、Ishan Khurana、Jared Wadsworth、Jason Rendel、Jeff Hajewski、Jesús Manuel López Becerra、Joe Justesen、Juan Rufes、Julien Pohie、Kostas Passadis、Kunal Ghosh、Malgorzata Rodacka、Matthias Busch、Michael Jensen、Monica Guimaraes、Nicole Koenigstein、Rajkumar Palani、Raushan Jha、Sayak Paul、Sean T. Booker、Stefano Ongarello、Tony Holdroyd 以及 Vlad Navitski。你们的建议使本书变得更好。

关于封面插图

本书的封面插图标题为"Homme de Navarre",意为"来自纳瓦拉的人"。纳瓦拉是西班牙北部一个独具特色的地区。插图取自 1797 年 Jacques Grasset de Saint-Sauveur(1757—1810)在法国出版的《各国风俗习惯》(*Costumes de Différents Pays*)一书中收录的来自各国的服饰。每幅插图都是手工精细绘制并上色的。Grasset de Saint-Sauveur 的收藏品种类极为丰富,生动再现了 200 年前世界各地城镇和地区的文化差异。那时候的人们彼此隔离,说着不同的方言。在街道或者乡村中,通过穿着即可轻松识别人们居住在哪里,交易什么,以及生活情况。

从那时候起,人类的着装逐渐发生了变化,而当年如此丰富的地区多样性也正在走向消亡。现在,我们已经很难区分不同大陆的居民,更不用说不同的城镇、地区或者国家了。也许,我们已经将文化的多样性替换成了个人生活的多样性。具体而言,我们正迈向更多元和快节奏的技术生活。

现在,不同的计算机书籍令人难以区分。因此,Manning 想通过两个世纪前的地区生活多样性来展现本书在计算机领域的独创性,故选择将 Grasset de Saint-Sauveur 的图片用作本书的封面。

关 于 本 书

　　本书将引导你完成将深度学习应用于表格结构化数据集的整个过程。通过扩展的实际示例，你将学习如何清理杂乱的数据集，并通过流行的 Keras 框架将其用于训练深度学习模型。然后，你将学习如何通过网页或者 Facebook Messenger 中的聊天机器人让经过训练的深度学习模型向全世界开放。最后，你还将学习如何扩展和改进深度学习模型，以及如何将本书中提供的方法运用于涉及结构化数据的其他问题上。

本书读者对象

　　为了充分利用本书，你应该熟悉 Jupyter Notebooks 上下文中的 Python 代码。你还应该了解一些非深度学习的机器学习算法，如逻辑回归和支持向量机(SVM)，并掌握机器学习的一些专业词汇。最后，如果你需要定期使用表格中按照行和列组织的数据，那么你可非常轻松地将本书中的概念运用到你的工作中。

本书的组织方式：路线图

　　本书由 9 章及一个附录组成。
- 第 1 章简要介绍深度学习的高级概念，并总结要将(或不将)深度学习应用于结构化数据的原因。此外，还将解释书中提到的结构化数据。

- 第 2 章介绍可用于本书代码示例的开发环境，也介绍用于表格结构化数据(Pandas)的 Python 库，并描述本书其余部分使用的主示例：预测轻轨交通系统的延误问题，即有轨电车的延误问题。最后，该章将介绍一个简单的训练深度学习模型的示例，初步展示后面几章的内容。

- 第 3 章探讨主示例要用到的数据集，并描述如何处理数据集中的一系列问题。此外，还将研究训练深度学习模型需要多少数据的问题。

- 第 4 章介绍如何解决数据集中的其他问题，以及如何处理经过所有清理动作后还残留在数据中的不良值。此外，还将讲解如何准备非数值数据以训练深度学习模型。最后，总结端到端代码的示例。

- 第 5 章介绍为有轨电车延误预测问题准备和构建深度学习模型的过程。该章将解释数据泄露的问题(在利用模型进行预测时，使用有问题的数据来训练模型)并说明应如何避免这种情况。然后，该章将详细介绍构成深度学习模型的代码，并展示检查模型结构的相关选项。

- 第 6 章介绍端到端的模型训练过程：从选择输入数据集的子集以训练和测试模型，到进行第一次训练，再到遍历一组实验以改善训练模型的性能。

- 第 7 章介绍另外三个更深入的实验，并扩展第 6 章介绍的模型训练技术。第一个实验将证明，第 4 章中的清理步骤之一(删除具有无效数值的记录)确实可提高模型的性能。第二个实验将展示将学习到的向量(嵌入)与分类型列相关联的性能优势。最后，第三个实验将对比深度学习模型的性能与流行的非深度学习方法 XGBoost 的性能。

- 第 8 章详细介绍如何让已训练的深度学习模型对外界有用。首先，该章描述如何对经过训练的模型进行简单的 Web 部署。然后，介绍如何使用 Rasa 这一开源聊天机器人框架在 Facebook Messenger 中部署已训练的模型。

- 第 9 章的起始部分总结本书目前已述内容。然后，该章将描述可改善模型性能的其他数据源，包括位置和天气数据。接下来，还将描述如何调整本书附带的代码，以解决表格结构化数据中的一个全新的问题。该章还将列出其他相关的书籍、课程以及在线资源，以便你进一步了解有关结构化数据的深度学习。

- 附录描述如何使用免费的 Colab 环境来运行本书中附带的代码示例。

建议你按照顺序阅读本书，因为每一章的内容都建立在之前几章内容的基础之上。如果你执行了本书附带的代码示例，尤其是针对有轨电车延误预测问题的代码，你将获益匪浅。最后，强烈建议你动手完成第 6 章和第 7 章描述的实验，并探索第 9 章描述的其他增强功能。

关于代码

本书附带大量的代码示例。除了第 3～8 章中针对有轨电车延误预测问题的扩展代码示例之外，第 2 章(用于演示 Pandas 库以及 Pandas 与 SQL 之间的关系)和第 5 章(用于演示 Keras 相关功能 API)中还有其他独立的代码示例。

第 2 章将介绍用于运行代码示例的选项。附录将进一步介绍其中一个选项，即 Google 的 Colab。无论选择哪种环境，都需要具有 Python(3.7 版本以上)和 key 库，包括如下几项：

- Pandas
- Scikit-learn
- Keras/TensorFlow 2.x

当你遍历代码时，可能还需要使用 pip 安装其他一些库。

在部署有轨电车延误预测主示例时，还有其他一些要求：

- 用于 Web 部署的 Flask 库
- 用于 Facebook Messenger 部署的 Rasa 聊天机器人框架和 ngrok

源代码将会采用等宽字体格式，以便与普通文本内容区分开。有时候，代码也会以粗体显示，以突出显示与该章之前步骤不同的代码，例如将新的功能添加到现有代码中时。

在很多时候，源代码已被重新格式化；我们添加了换行符和经过重新设计的缩进处理，以便更好地利用书中的页面空间。在极少数情况下，这样做其实还不够，因此代码清单中可能还会包含行继续标记(➡)。此外，当文本中已经描述了代码时，源代码中的注释通常会从代码清单中移除。代码清单通常会伴随着大量的注释，以突出其中的重要概念。

可扫本书封底二维码找到所有示例代码。

前　言

我深信，当人们回顾过去的50年并对21世纪的前20年进行评价时，深度学习将成为这段时间内排名第一的技术创新。深度学习的理论基础在20世纪50年代就已经建立，但是直到2012年，非专业人士才意识到深度学习技术的潜力。然后在多年后的今天，深度学习已经渗透到我们的日常生活中了：从能将我们的语音无缝转换为文本的智能扬声器，到可在不断扩展的游戏中击败任何人的AI系统等。本书探讨深度学习领域中一个容易被人忽视的一角：将深度学习技术应用到结构化的表格数据(即按照行和列组织的数据)上。

如果传统的经验告诉你避免对结构化的数据使用深度学习，即大部分的深度学习应用(如图像识别)都是处理非结构化数据的，那么为何还要阅读一本关于用深度学习处理结构化数据的书呢？首先，如第1章和第2章所述，一些反对使用深度学习技术解决结构化数据问题的意见(如深度学习过于复杂，或者结构化数据集太小)，在今天其实根本就不成立。在评估哪种机器学习算法适用于结构化数据问题时，我们需要保持开放的态度，并将深度学习视作一种潜在的解决方案。其次，尽管非表格形式的数据支撑着深度学习的许多局部性的应用领域(如图像识别、语音到文本的转换以及机器翻译等)，但作为消费者、员工和公民的我们，在很大程度上依然依赖表中数据来定义我们的生活。每笔银行交易流水、纳税记录、保险索赔，以及我们日常生活中的诸多其他方面都是通过结构化的表格数据进行信息传递的。因此，无论你是深度学习的新手，还是经验丰富的相关从业者，当你试图解决与结构化数据相关的问题时，都应该将深度学习放入你的工具箱里。

通过阅读本书，你将学习到将深度学习运用于各种结构化数据问题时所需要了解的相关知识。你将了解将深度学习应用到真实数据集上的完整过程：从准备数据到训练深度学习模型，再到部署经过训练的模型。本书附带的代码示例使用机器学习的通用语言 Python 编写，并利用 Keras/TensorFlow 框架(行业中最常用的深度学习平台)。

目　　录

第 *1* 章

为何要使用结构化数据进行深度学习

本章涵盖如下内容：

- 深度学习概述
- 深度学习的优缺点
- 深度学习软件栈概述
- 结构化数据与非结构化数据
- 反对使用结构化数据进行深度学习的相关意见
- 使用结构化数据进行深度学习的优势
- 本书附带的代码简介

自 2012 年以来，我们目睹了可被称为人工智能复兴的 IT 技术发展现象。这个在 20 世纪 80 年代后期迷失了方向的学科，现在再次变得重要起来。那么，究竟发生了什么？

2012 年 10 月，一群与 Geoffrey Hinton(多伦多大学深度学习的主要学术支持者[1])合作的学生在 ImageNet 计算机视觉竞赛中宣布了一项结果。该结果表明，即便与最接近的竞争对手相比，其识别物体的错误率也只是对手的一半左右。

该结果是利用深度学习得到的，并引发了人们对深度学习的极大兴趣。自那时以来，我们已经可在许多领域见到具有世界一流结果的深度学习应用程序，包括图像处理、音频到文本的转换以及机器翻译。在过去几年间，深度学习的工具和基础设施已经达到了成熟且可利用的水平，使得非专业人员也可享受深度学习带来的好处。本书将展示如何使用深度学习来深入了解结构化数据并进行预测：在关系数据库中将数据组织为具有行和列格式的表格。通过逐步探讨一个完整的端到端的深度学习示例(从提取原始输入结构化的数据，到将深度学习模型提供给最终用户的全过程)，你将看到深度学习的功能。通过将深度学习应用到真实的结构化数据上，你还将看到使用结构化数据进行深度学习所面临的挑战和机遇。

1.1　深度学习概述

在讲解深度学习的高级概念之前，这里先介绍一个简单的示例(信用卡欺诈检测)，并利用这个例子来探索这些高级概念。第 2 章将介绍一个现实世界的数据集和一个广泛的代码示例，该示例将展示如何准备数据集并将其用于训练深度学习模型。但目前，这个基本的欺诈检测示例就足以让我们探讨深度学习的相关概念了。

为何要使用深度学习来进行欺诈检测？原因如下：

- 欺诈者能找到方法来应对传统的基于规则的欺诈检测方法
  (http://mng.bz/emQw)。

1　译者注：杰弗里·辛顿，知名计算机学家和心理学家，深度学习三巨头之一，主要研究使用神经网络进行机器学习、记忆、感知以及符号处理的方法，并在相关领域发表了 200 多篇论文。

- 深度学习方法是强效 pipeline 的一部分，可适应欺诈模式的变化。在该方法中，需要经常评估模型的性能，并在模型的性能降至给定阈值以下的时候自动对其进行重新训练。
- 深度学习方法可能提供关于新事务的近实时评估。

总而言之，深度学习值得用于欺诈检测，因为它可成为灵活、快速解决方案的核心。注意，虽然深度学习有诸多优点，但是，如将深度学习用作欺诈检测问题的解决方案，你还将面临一个问题：与其他方法相比，深度学习更难以解释。其他机器学习方法可让你确定对结果影响最大的输入特征，但是使用深度学习方法则很难建立这种关系。

假设一家信用卡公司将客户交易记录保存为表格。该表中的每条记录都包含有关交易的信息，包括唯一标识客户的 ID，以及有关交易的详细信息，如交易的日期和时间、供应商 ID、交易的位置，以及交易的货币和金额等。除了这些信息(每次报告交易时都会将其添加到表中)之外，每条记录还有一个字段，用于指示该交易是否被报告为欺诈。

信用卡公司计划针对该表中的历史数据训练深度学习模型，并使用该训练后的模型来预测新传入的交易是否具有欺诈性。其目标是尽快识别潜在的欺诈行为(并采取纠正措施)，而不是等上几天，让客户或者供应商来报告某项欺诈性的交易。

接下来看一下客户交易表。图 1.1 包含了该表中某些记录的片段。

训练数据(X)								标签(Y)
客户ID	交易日期	交易时间	供应商ID	城市	国家/地区	货币	金额	欺诈
1000123	13-Apr-18	14:45	X000456	华盛顿	美国	USD	30.21	0
1000188	14-Mar-18	10:31	X000433	达拉斯	美国	USD	322.00	0
1000290	11-Feb-18	22:40	X000501	东京	日本	YEN	10000000.00	1
1000104	05-Feb-18	6:20	W000089	巴黎	法国	EUR	7.90	0

图 1.1　用于信用卡欺诈检测示例的数据集

客户 ID、交易日期、交易时间、供应商 ID、城市、国家/地区、货币和金额列包含了有关上一季度个人信用卡交易的详细信息。欺诈列则是特殊的，因为它含有标签：我们希望深度学习模型预测何时在训练数据上进行训练的值。假设欺诈列中的默认值为0(表示"非欺诈")，并且当客户或者供应商报告欺诈交易时，该交易在表格欺诈列中的值将被设置为1。

随着新交易的到来，我们希望能预测这些交易是否具有欺诈性，以便迅速采取纠正措施。通过在历史数据集上训练深度学习模型，我们就可定义一个函数，该函数可预测新的信用卡交易是否具有欺诈性。在监督学习的示例(http://mng.bz/pzBE)中，该模型是通过包含示例和标签的数据集进行训练的。用于训练模型的数据集包括训练后的模型将预测的值(即在这种情况下，该交易是否具有欺诈性)。相反，在无监督学习中，训练数据集则不包含标签。

现在本节已经介绍了信用卡欺诈的例子，接下来使用它来简要介绍一下深度学习的相关概念。想了解有关这些概念的详细说明，可参考 François Chollet 的《Python 深度学习》(第2版)(http://mng.bz/OvM2)，其中包含关于这些概念的准确描述。

- 深度学习是一种机器学习方法，通过优化损失函数(实际结果，即欺诈列中的值，与预测结果之间的差值)来设置每一层的权重和偏移量，从而对多层人工神经网络进行训练。这会用到基于梯度的优化和反向传播技术。

- 深度学习模型中的神经网络具有一系列的层，从输入层开始，然后是几个隐藏层，最后是输出层。

- 在上述的每一层中，上一层的输出(在第一层的情况下，是训练数据，而在示例中，就是客户 ID、交易日期、交易时间、供应商 ID、城市、国家/地区、货币以及金额)经过一系列操作(乘以权重矩阵，增加偏移量 bias，以及应用非线性激活函数)以生成下一层的输入。在图 1.2 中，每个圆(节点)都有自己的一组权重。将输入乘以这些权重，再加上偏移量，然后将激活函数应用于结果以产生输出，该输出将会传递到下一层。

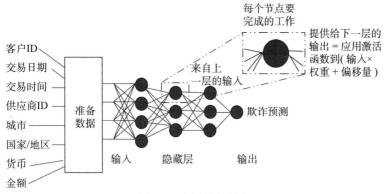

图 1.2　多层神经网络

- 最终的输出层根据输入生成模型的预测。在预测信用卡欺诈的示例中，输出结果能表明，模型将给定的交易预测为欺诈(输出为 1)，还是非欺诈(输出为 0)。

- 深度学习通过迭代更新网络中的权重以最小化损失函数(该函数定义模型的预测与训练集中的实际结果之间的总差值)。调整权重后，模型的总预测将会更接近输入表欺诈列中的实际结果值。每次训练迭代时，模型都将根据损失函数的梯度来调整权重。

- 可将损失函数的梯度大致理解为山坡。如果你沿着山坡的相反方向进行小的增量步长，最终将会到达山脚。对于网络的每次迭代，只需要在与梯度相反的方向对权重进行较小的调整，就可一点一点地减小损失函数。这里将使用名为反向传播的过程来获取损失函数的梯度，然后将其应用到神经网络中，以更新每个节点的权重。这样，在重复应用这一过程之后，损失函数就会逐步最小化，并且模型预测的准确性也会逐步最大化。模型训练过程如图 1.3 所示。

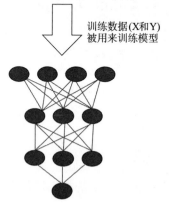

	训练数据(X)							标签(Y)
客户ID	交易日期	交易时间	供应商ID	城市	国家/地区	货币	金额	欺诈
1000123	13-Apr-18	14:45	X000456	华盛顿	美国	USD	30.21	0
1000188	14-Mar-18	10:31	X000433	达拉斯	美国	USD	322.00	0
1000290	11-Feb-18	22:40	X000501	东京	日本	YEN	10000000.00	1
1000104	05-Feb-18	6:20	W00089	巴黎	法国	EUR	7.90	0

训练数据(X和Y)
被用来训练模型

图 1.3　在网络中迭代更新权重以训练模型时，将会使用训练数据

● 训练完成后(已使用反向传播提供的梯度反复更新模型中的权重，以利用训练数据获得所需的性能)，所得的模型可用于对模型从未见过的数据进行预测。

该过程的输出是经过训练的深度学习模型，该模型结合了最终的权重，可根据新的输入数据来预测输出，如图 1.4 所示。

本书并没有涵盖与深度学习相关的数学基础知识。《Python 深度学习》(第 2 版)中有与深度学习相关的数学基础部分，对深度学习背后的数学知识提供了清晰而又简洁的描述。第 9 章还将提及 deeplearning.ai 课程，以便你大致了解深度学习背后的数学原理。

新数据

客户ID	交易日期	交易时间	供应商ID	城市	国家/地区	货币	金额
1000123	14-Jul-18	11:45	X000456	伦敦	英国	GBP	300.50
1000123	14-Jul-18	11:30	Y000133	渥太华	加拿大	CDN	3400.00
1000123	14-Jul-18	9:40	X000501	多佛	英国	GBP	25.68
1000123	13-Jul-18	13:20	W00089	柏林	德国	EUR	110.30

将训练好的模型用于
新数据来预测结果

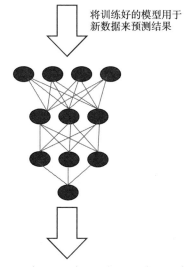

客户ID	交易日期	交易时间	供应商ID	城市	国家/地区	货币	金额	欺诈预测
1000123	14-Jul-18	11:45	X000456	华盛顿	美国	GBP	300.50	0
1000123	14-Jul-18	11:30	Y000133	达拉斯	美国	CDN	3400.00	1
1000123	14-Jul-18	9:40	X000501	东京	日本	GBP	25.68	0
1000123	13-Jul-18	13:20	W00089	巴黎	法国	EUR	110.30	0

图 1.4　训练好的模型基于新的数据生成预测

1.2　深度学习的优缺点

深度学习的关键点既简单又深刻：训练过的深度学习模型可包含令人难以置信的复杂功能，它可准确地表现出隐含在训练模型数据中的模式。只要给定足够的含有标签的数据(如足够大的信用卡交易数据集，其中有一列用于指示每笔交易是否为欺诈行为)来进行训练，深度学习就能定义一个模型，该模型可预测其在训练过程中从未发现的新数据的标签值。深度学习以训练过的模型的形式定义的函数，可包含数百万个参数，这远远超出了人类可手工创建的参数数量。

在某些使用场景下，如图像识别，深度学习模型的优势在于，与非深度学习的机器学习算法相比，它能在更接近原始输入的数据上进行训练。而其他机器学习算法可能需要大量的特征工程(对输入数据进行手工编码转换，以及在输入表中添加新列等)才能获得较好的性能。

当然，深度学习的好处是有代价的。深度学习有几个明显的缺点，你需要准备好处理它们。为了使深度学习更有效，需要满足以下条件。

- *大量带标签的数据* ——可能需要数百万个样例，具体则取决于研究领域。
- *能够执行大量矩阵运算的硬件* ——如第 2 章所述，现代的笔记本计算机可能就足以训练简单的深度学习模型了。更大、更复杂的深度学习模型则可能需要专门的硬件(如 GPU 和 TPU)才能进行有效训练。
- *模型不完全透明性的容忍度* ——将深度学习与经典的(非深度学习)机器学习进行比较时，较难弄清楚为什么深度学习模型会作出那样的预测。尤其是，如果模型是针对某些特征集(客户 ID、交易日期、交易时间等)进行训练的，则可能很难确定哪些特征对模型预测结果的贡献最大。
- *避免常见陷阱的重大工程* ——这些陷阱包括过拟合(该模型对于所训练的数据是准确的，但是无法推广到新的数据上)和梯度消失/爆炸(反向传播会爆炸或者被磨平，因为在每一步修改时权重可能会变得太大或者太小)。
- *控制多个超参的能力* ——数据科学家需要控制一组被称为

超参的旋钮，包括学习率(每次更新权重时所采取的步骤大小，即步长)、正则化(避免过拟合的各种策略)，以及训练过程遍历输入数据集以训练模型的次数。调整这些旋钮以获得良好的训练效果，就好像尝试驾驶直升机一样。直升机飞行员需要协调手和脚的动作，以使直升机保持稳定的飞行路径，避免坠毁。与此相似，训练深度学习模型的数据科学家需要协调超参，从而让模型获得所需的结果，并避免掉入各种陷阱，如过拟合等。关于本书扩展示例中用于训练模型的超参情况，详见第 5 章。

- *对达不到完美的准确度的容忍度*——深度学习本质上并不会产生 100%准确的预测结果。因此，如果需要绝对准确度，最好使用确定性更高的方法。

缓解上述缺点的一些方法如下。

- *大量的标记数据*——深度学习对大量标记数据的要求，可通过转移学习来缓解：重复使用经过训练的模型或者模型的子集。这些模型或者子集经过训练后可在相关任务上执行一项任务。在大量标记通用标签的图像数据集上进行训练的模型，可在那些缺少标签的图像数据的特定领域用于快速启动模型。本书中的扩展示例并不适用于迁移学习，不过你可参考 Paul Azunre 的《自然语言处理中的迁移学习》(*Transfer Learning for Natural Language Processing*，可参见 http://mng.bz/GdVV)一书，从而了解迁移学习在深度学习相关用例(如自然语言处理以及计算机视觉等)中的关键作用。

- *能执行大量矩阵运算的硬件*——如今，你可轻易地使用足够的硬件性能来访问环境(包括第 2 章将介绍的云环境)，并以适当的成本来训练具有挑战性的模型。对于本书中扩展的深度学习示例，你可在具有专门为深度学习设计的硬件的云环境中进行更高效的学习，也可在配置合理的现代笔记本计算机上进行练习。

- *对模型不完全透明的容忍度*——现在已有多家供应商(包括亚马逊、谷歌以及 IBM 等)能提供相关的解决方案,使深度学习的模型更加透明,并解释深度学习模型的行为。
- *旨在避免常见陷阱的重大工程*——相关算法正在不断改进,且持续进入通用的深度学习框架,这有助于你避免梯度爆炸之类的问题。
- *控制多个超参的能力*——优化超参的自动化方法,可能会降低调整超参的复杂性,并使训练深度学习模型的过程不太像开直升机,而更像驾驶汽车。也就是说,一组有限的输入(如方向盘、加速器)即可产生直接的结果(汽车改变行驶方向、改变速度等)。

当然,不够完美的准确度依然是一个挑战。而准确度不佳会造成什么影响,则取决于你要解决的问题。如果要预测客户是否会流失(将业务转给竞争对手),在 85%或者 90%的时间里预测正确就可解决问题。但是,如果要预测可能致命的医疗情况,那将很难克服深度学习的内在限制。你对误差的容忍度,取决于要解决的问题。

1.3　深度学习软件栈概述

现如今,各种深度学习框架都可使用。其中最受欢迎的两个是 TensorFlow(https://www.tensorflow.org)和 PyTorch(https://pytorch.org)。在工业应用中,TensorFlow 占据主导地位;而在研究领域,PyTorch 则备受青睐。

本书将使用 Keras(https://keras.io)作为深度学习库。Keras 最初是一个独立的项目,可用作各种深度学习框架的前端。第 5 章将谈到,从 TensorFlow 2.0 开始,Keras 已经被集成到 TensorFlow 中。Keras 也是 TensorFlow 推荐的高级 API。本书附带的代码均已通过 TensorFlow 2.0 验证,相信在更高的 TensorFlow 版本中应该也没有问题。

下面简要介绍深度学习软件栈的主要组成部分。

- *Python*——迄今为止，这种易于学习、灵活的解释性语言是机器学习中最受欢迎的语言。在过去的 10 年间，Python 的日益普及，与机器学习技术的复兴密切相关。而如今，它已远胜与其最接近的 R 语言，成为机器学习领域的通用语言。Python 拥有庞大的生态系统和大量的库，这些库不仅涵盖了你希望通过机器学习完成的所有工作，也涵盖了完整的开发范围。此外，Python 还拥有庞大的开发人员社区，你可在网上找到几乎所有 Python 相关问题的答案。本书中的代码示例全部用 Python 语言编写，不过也有几个地方例外：第 2 章中的 SQL 示例，第 3 章中的 YAML 配置文件，以及第 8 章中描述的部署方面的内容，其中包括 Markdown、HTML 以及 JavaScript 中的代码。

- *Pandas* ——这个 Python 库提供了在 Python 中方便地处理表格结构化数据所需的一切。你可轻松地将结构化数据(无论是出自 CSV 或 Excel 文件，还是直接来自关系数据库中的表)导入 Pandas 数据帧中，然后通过表操作(如删除和添加列，按照列值进行过滤以及联接表)来处理这些数据。可将 Pandas 视作 Python 对 SQL 的答复。第 2 章包含几个相关示例，如将数据加载到 Pandas 数据帧中，使用 Pandas 执行常见的 SQL 操作等。

- *scikit-learn* ——用于机器学习的扩展 Python 库。本书中的扩展示例将充分利用该库，包括第 3 章和第 4 章中描述的数据转换工具，以及第 8 章中描述的功能，以定义可训练的数据pipeline，这些 pipeline 可用来准备用于训练深度学习模型的数据，也可用于从已训练的模型获取预测结果的数据。

- *Keras* ——一个简单的深度学习库，可提供足够的灵活性和控制力，同时将低级 TensorFlow API 中的复杂性抽象出来。Keras 也拥有一个非常活跃的大型社区，其中包括初学者和经验丰富的机器学习从业人员，你能很容易地找到将 Keras 用于深度学习的各种示例。

1.4 结构化数据与非结构化数据

本书的书名中包含两个通常不会同时出现的术语：深度学习和结构化数据。结构化数据(在本书的上下文中)是指以具有行和列的表的形式组织的数据——驻留在关系数据库中的数据种类。深度学习则是一种先进的机器学习技术，已针对一系列通常不存储在表中的数据(如图像、视频、音频、文本等)成功地解决了诸多问题。

为何要将深度学习应用于结构化数据？为何要将 40 年前的数据范例与当今前沿的深度学习相结合？有无更简单的方法来解决涉及结构化数据的问题？深度学习的强大应用，是否比尝试使用表中的数据来训练模型更合适？

为了回答这些有意义的问题，首先需要更详细地定义结构化和非结构化数据。然后在 1.5 节中，我们将解决这些关于把深度学习应用到表格化结构数据的问题，并处理其他的反对意见。

在本书中，结构化数据就是经过组织以驻留在具有行和列的关系数据库中的数据。这些列可包含数字值(如货币金额、温度、持续时间，或其他可表示为整数或浮点数的值)或者非数字值(如字符串、嵌入式结构化对象或非结构化对象)。

所有关系数据库都支持 SQL(尽管所使用的 SQL 标准可能不尽相同)作为数据库的主要接口。常见的关系数据库包含如下内容。

- *专有数据库*——Oracle、SQL Server、Db2、Teradata
- *开源数据库*——PostgreSQL、MySQL、MariaDB
- *基于开源的专有数据库*——AWS Redshift(基于 PostgreSQL)

关系数据库中可包含表之间的关系，如外键(一张表中列的允许取值，取决于另一张表中已标识的列中的值)。可将表联接起来以创建新表，这些表包含参与联接的表中行和列的组合。关系数据库也可合并代码集，例如被称为存储过程的 SQL 语句集合，你可调用这些代码集来访问和操作数据库中的数据。本书将重点关注表的行和类型列的内容，而不是关系数据库提供的其他表间交互和代码接口。

　　关系数据库不是结构化表格数据唯一可能的存储库。如图 1.5 所示，Excel 或 CSV 文件中的数据本质上也是按照行和列构建的，尽管其与关系表不同，列的类型没有被编码为结构的一部分，而是从列的内容推断出来的。本书的主要示例数据集来自一组 Excel 文件。

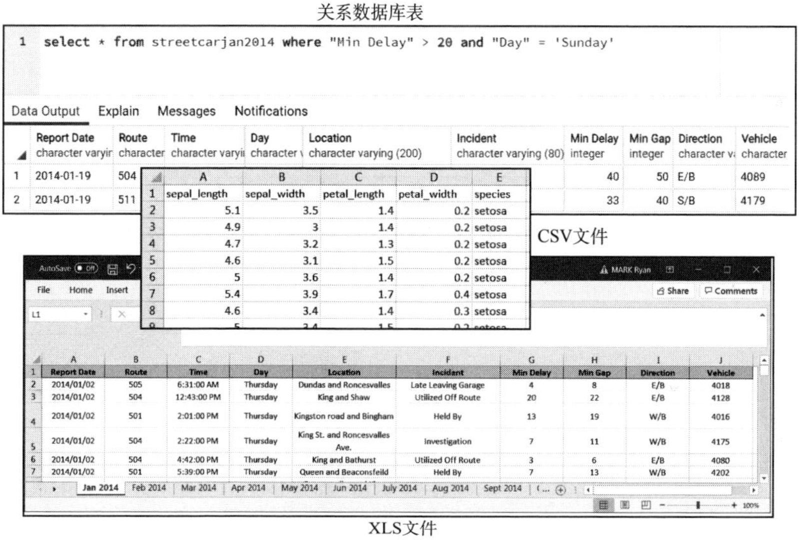

图 1.5　表格结构化数据示例

　　本书将不再关注非结构化数据，即未被组织成表格形式以存储于关系数据库中的数据。如图 1.6 所示，非结构化数据包括图像、视频和音频文件，以及文本和标记格式，如 XML、HTML 以及 JSON 格式。根据此定义，非结构化数据不一定具有零结构。例如，JSON 中的键值对其实也是一种结构，但是在其原生状态下，JSON 并非以表格的形式组织成行和列，因此就本书而言，它是非结构化的。更复杂的是，结构化数据也可包含非结构化元素，例如表中的列包含自由格式的文本，或者引用了 XML 文档或 BLOB(二进制大对象)。

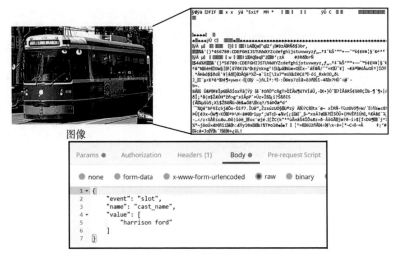

图像

JSON 格式

HTML 格式

图 1.6　非结构化数据样例

　　许多书籍都涵盖了深度学习在非结构化数据(如图像和文本)方面的应用。本书则另辟蹊径,专门研究应用于表格结构化数据的深度学习。本章的 1.5 和 1.6 节将提供使用深度学习来处理结构化数据的一些理由。接下来首先将讨论人们会对处理结构化数据持怀疑态度的一些原因,然后回顾通过深度学习来探索结构化数据相关问题的好处。

1.5　反对使用结构化数据进行深度学习的相关意见

深度学习的很多著名应用都涉及非结构化数据，如图像、音频以及文本等。一些深度学习专家质疑是否应将深度学习应用于结构化数据，并坚持认为非深度学习方法最适合结构化数据。

为了鼓励你使用结构化数据探索深度学习，这里先回顾一下反对意见。

- *结构化数据集太小，无法使用深度学习*。该反对意见是否有效，取决于问题的具体领域。当然，在很多领域(包括本书中探讨的问题)中，带标签的结构化数据集可包含数以万计甚至数百万个示例，这使得数据集足够大，可用来训练深度学习模型。

- *保持简单*。深度学习既困难又复杂，那么，为什么不使用更简单的解决方案，如非深度学习或者传统的商业智能应用程序呢？相比于现在，该异议在 3 年前更为有效。因为现在的深度学习在简单性和广泛使用方面已经达到了一个临界点。得益于深度学习的普及，相关的工具及框架也更易使用。如本书的扩展编码示例所示，非专业人员现在也可使用深度学习了。

- *手工创建的深度学习解决方案正变得越来越多余*。试想，如果你不是专职的数据科学家，而手工创建的解决方案将日渐被不需要编码的解决方案所取代，为何还要努力创建端到端的深度学习解决方案呢？例如，fast.ai 库(https://docs.fast.ai)使你仅用数行代码就能创建功能强大的深度学习模型，而 Watson Studio 之类的数据科学环境更是提供了基于 GUI 模型的构建工具(如图 1.7 所示)。你不必编码即可创建深度学习模型。

既然可使用这样的解决方案，为何还要努力学习如何直接编写深度学习模型呢？要了解如何使用低代码或无代码解决方案，仍然需要了解深度学习模型的组合方式。因此，最快的学习方法就是通过编写代码来利用深度学习框架。如果你在工作中主要处理表格数据，则可对这些数据进行深度学习。通过对涉及结构化表格数据的相关问题进行深度学习解决方案的编码，你就能了解深度学习的相关概念、优势，以及其局限性。理解了这些，就可利用深度学习(无论是否经过了手工编码)来解决深一层的问题。本书的扩展示例将通过一个端到端的解决方案为你展示如何将深度学习应用于结构化表格数据中。第 9 章将讲解如何将本书中的示例应用到你自己的结构化数据集中。

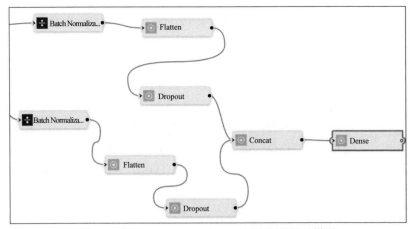

图 1.7　　使用 GUI(Watson Studio)创建深度学习模型

本节讨论了反对使用深度学习来解决结构化数据相关问题的一些常见的观点，并给出了主观的回应。但是，仅主观回应是远远不够的，还需要比较深度学习与非深度学习的工作代码实现。第 7 章将对本书扩展示例中的两种解决方案(深度学习解决方案和基于非深度学习方法的解决方案 XGBoost)进行正面的对比。本书将在性能、模型训练时间、代码复杂性以及灵活性等方面对两者进行比较。

1.6　为何要研究基于结构化数据的深度学习问题?

上面的 1.5 节探讨了反对将深度学习应用到结构化数据的一些意

见。假设你对本书处理这些异议的方式感到满意，但是仍然存在一个问题，那就是花时间去研究将深度学习应用到结构化数据的扩展示例，能让你得到什么好处。当下有很多书籍可帮你完成将深度学习应用于各种问题和数据集的过程，而本书有何区别？研究如何使用深度学习来处理结构化数据，从而解决端到端的问题，究竟有何好处？

这里先从大面上着手：世界上非结构化数据要比结构化数据(https://learn.g2.com/structured-vs-unstructured-data)多得多。那么，如果世界上 80%的数据都是非结构化的，为何还要尝试将深度学习应用到结构化数据这一小部分上呢？尽管非结构化数据的数量可能是结构化数据的 4 倍，但是结构化数据所占据的位置依然非常重要。银行、零售商、保险公司、制造商、政府(现代生活的基础)基本都要依靠关系数据库来运行。人们的日常活动每天都会在各种关系数据库中的数十张乃至数百张表中生成内容更新。当使用借记卡付款、拨打电话或者在线检查银行账户余额时，你都是在访问或者更新关系数据库中的数据。结构化数据对于我们的日常生活非常重要，此外，其他许多工作也是围绕着结构化表格数据展开的。例如，对图像和视频进行深度学习处理的实践确实很有趣，但如果你的工作不处理此类数据怎么办？如果你的工作只涉及处理数据库中的表，或者 CSV 和 Excel 文件，那又该如何？因此，如果掌握了将深度学习应用到结构化数据的技术，就能使用这些技术来处理你在工作中遇到的各种数据集相关的实际问题。

本书将详细解析将深度学习应用于表格结构化数据集的完整过程，还将讨论如何准备用于训练深度学习模型的真实数据集(这些数据集有着典型的特征和问题)，如何通过表中的列类型对数据集进行分类，以及如何创建简单的深度学习模型。该模型可由数据点的分类自动定义。此外，本书还将说明该模型如何组合不同的层，使之适用于数据的不同种类，从而利用源表中不同种类的数据(文本、分类或连续数据)来训练模型。另外，本书还将讨论如何部署深度学习模型，以便将其提供给他人使用。本书所讲的技术适用于各种结构化数据集，且能使你深入挖掘深度学习解决这些数据集问题的潜在能力。

1.7 本书附带的代码概述

本书的核心是扩展的编码示例，该示例运用深度学习来解决现实世界中结构化数据集的问题。第 2 章将介绍该问题，并描述示例中使用的全部代码。本节将简要介绍用于解决该问题的核心程序。

本书附带的代码由一系列 Jupyter Notebook 和 Python 程序组成，这些程序会将你从原始输入数据集带到已部署的经过训练的深度学习模型。可在 http://mng.bz/v95x 中找到所有的代码以及相关的数据和配置文件。其中的一些关键文件如下。

- *chapter2.ipynb* ——第 2 章中与介绍性代码相关的代码段。
- *chapter5.ipynb* ——与使用 Pandas 进行 SQL 类型操作相关的代码段，第 2 章将予以介绍。
- *Data preparation notebook* ——为了提取原始数据集并执行常见的数据清理和准备步骤而编写的代码。该notebook 的输出是一个 Python 私有的(pickle)文件，其中包含带有已清理过的训练数据的 Pandas 数据帧。
- *Basic data exploration notebook* ——对本书主示例的数据集进行的基础性探索分析，第 3 章将予以描述。
- *Data preparation for geocoding* ——为了准备主数据集中的位置值派生的纬度和经度值而编写的代码，第 4 章将予以介绍。
- *Time-series forecasting data exploration notebook* —— 使用时间序列预测技术对本书主示例的数据集进行的探索，第 3 章将予以介绍。
- *Deep learning model training notebook* ——对清理后的数据进行重构的代码。此处将考虑给定的有轨电车没有延迟的时间段，并准备该重构后的数据，以将其输入 Keras 深度学习模型，第 5 章和第 6 章将予以描述。该 notebook 的输出即为经过训练的深度学习模型。

- *XGBoost model training notebook*——为运用非深度学习模型而编写的代码。根据实际模型训练代码，该notebook 将与训练深度学习模型的 notebook 相同。第 7 章将比较该模型与深度学习模型的结果。
- *Web deployment*——对经过训练的深度学习模型进行 Web 部署的相关代码，第 8 章将予以介绍。
- *Facebook Messenger deployment*——将经过训练的深度学习模型部署为 Facebook Messenger 中的聊天机器人所需的代码，第 8 章将予以描述。

书中主示例使用的原始数据集并不在 GitHub 中，而是发布于 http://mng.bz/4B2B。

1.8　你应该知道的内容

为了充分发挥本书的价值，作为读者，你应该熟悉在 Jupyter Notebook 和原始的 Python 文件上下文中使用 Python 语言编写的代码。此外，你也需要熟悉非深度学习的机器学习算法，且尤其应该掌握如下概念：过拟合、欠拟合、损失函数以及目标函数。你必须至少对一种常见的云环境(如 AWS、GCS、Azure 或者其他)中的基本操作比较熟悉。而对于部署，你需要对 Web 编程有一些基本的了解。最后，你还应该具有关系数据库技术背景，并且熟悉 SQL。

本书将涵盖深度学习的基础知识，但是不会深入讨论其理论细节。相反，本书将通过一个扩展示例介绍如何将深度学习应用到实际场景中。如果你需要深入研究深度学习及其在 Python 环境中的实现，那么《Python 深度学习》会是一本很好的书籍。衷心建议将该书用作本书的补充。该书的如下三章内容提供了与深度学习主题相关的其他背景知识。

- "构建神经网络的数学模块"——提供与深度学习基础概念相关的背景知识,包括张量(深度学习的核心理论数据容器)和反向传播等。
- "神经网络入门"——介绍各种简单的深度学习问题,包括分类(预测输入的数据点属于哪个分类)以及回归(预测输入数据点的连续值目标)。
- "高级深度学习最佳实践"——介绍各种深度学习体系结构,且包含有关 Keras 回调的详细信息(本书第6章介绍的内容),以及如何使用 TensorBoard 来监控深度学习模型。

本书将提供实战型的案例,详细描述使用表格形式的结构化数据进行深度学习的端到端的完整过程,即从原始输入的数据开始,直到对经过训练的深度学习模型进行部署为止。本书覆盖的范围极为广泛,因此无法对每个相关的技术主题都进行深入细致的描述。本书将在适当的地方参考《Python 深度学习》以及其他曼宁出版物和技术文章,以详细讨论相关话题。此外,第 9 章也将推荐与深度学习理论背景相关的一些资料。

1.9　本章小结

- 深度学习是在过去的 10 年中早已出现的一项强大技术。到目前为止,那些有名的深度学习应用程序处理的往往都是非表格数据,如图像和文本等。本书将介绍如何运用深度学习处理与表格结构化数据相关的问题。
- 深度学习将一组技术(包括基于梯度的优化和反向传播)应用于输入的数据集,以自动定义可预测新数据结果的函数。
- 深度学习已在多个领域产生了极为先进的结果,但是与其他机器学习技术相比,它依然有自己的缺点。这些缺点包括缺乏透明度(哪些特征对模型最为重要)及其对大量训练数据的需求。

● 有人认为深度学习不应该被应用于表格结构化数据。这些人指出，深度学习太复杂，而结构化数据集太小，也无法用来训练深度学习模型，并且可用更简单的方法来解决与结构化数据相关的问题。

● 同时，结构化数据对现代生活至关重要。因此，为何要将深度学习的应用范围限制在图像和自由格式的文本上呢？许多重要的问题都涉及结构化数据，因此关于如何利用深度学习技术来解决结构化数据相关问题的研究是值得的。

第2章

示例问题和Pandas数据帧简介

本章涵盖如下内容:
- 深度学习开发环境选项
- Pandas 数据帧简介
- 简要介绍本书中使用深度学习来处理结构化数据的主示例(预测有轨电车的延误情况)
- 示例数据集的格式和范围
- 细述反对将深度学习与结构化数据结合使用的常见观点
- 初探训练深度学习模型的过程

　　本章将介绍如何为深度学习开发环境选择合适的选项,以及如何将表格结构化数据引入 Python 程序。你将初步认识 Pandas——用于处理表格结构化数据的强大 Python 工具。你还将了解贯穿本书的主示例，包括该示例使用的数据集的详细信息，以及相关代码的整体结构，从而了解如何对结构化数据运用深度学习技术。然后，你将进一步了解第 1 章中介绍的那些反对使用结构化数据进行深度学习的意见。最后，本章将带你试着进行一轮深度学习模型的训练，以激发你对扩展示例内容的学习兴趣。第 3～8 章将详细探讨其余的内容。

2.1 深度学习开发环境选项

在开始深度学习项目之前，你需要了解一下能提供所需硬件和软件堆栈的环境。本部分将描述使用深度学习环境所需的一些选择。

在查看专用于深度学习的环境之前，你需要了解如何能在标准的 Windows 或者 Linux 环境中完成本书中的扩展代码示例。使用专用于深度学习的硬件环境能明显加快模型的训练速度，但这不是必需的。本书中的示例代码已经在安装了 8GB RAM 和单核处理器且配置了Paperspace Gradient 环境(将在本节中介绍)的 Windows 10 笔记本计算机上成功运行。在 Gradient 环境中，模型的训练速度约提升了 30%。但是这仅意味着第 7 章中描述的每个实验的训练时间也就相差了一两分钟。对于更大的深度学习项目，强烈建议你采用本节中描述的适用于深度学习的训练环境。不过，合理配置的笔记本计算机已足以处理本书中的扩展示例。如果你想尝试在本地环境中运行本书提供的示例代码，需要确保 Python 版本在 3.7.4 以上。如果你要新安装Python 或者使用虚拟Python环境，则需要安装Pandas、Jupyter、scikit-learn 以及 TensorFlow 2.0。当然，如果你想把所有的示例代码都运行一遍，则可能还需要安装其他的库。

重要说明：本书中的大多数示例代码都可在相同的 Python 环境中运行。第 8 章中描述的 Facebook Messenger 部署是一个例外。该部署需要在包含 Tensor Flow 1.x 的 Python 环境中完成，而训练模型则需要在具有 TensorFlow 2.0 或者更高版本的 Python 环境中进行。

因此，如果你想在 TensorFlow 级别解决该问题，可考虑使用 Python 虚拟环境来运行示例代码。建议你将基本的 Python 环境升级到最新的 TensorFlow 1.x 级别，并将其用于各种操作(训练模型 notebook 除外)。可为训练模型 notebook 创建虚拟环境，然后在该环境中安装 TensorFlow 2.0。这样做，你将享受 TensorFlow 2.0 在模型训练中的种种好处，同时能让其余的 Python 环境保持向后兼容性和稳定性。可在如下链接中找到有关设置 Python 虚拟环境的详细内容：http://mng.bz/zrjr。

多家云供应商都提供了完整的深度学习环境，其成本大约为每小时喝一杯咖啡的费用。当然，每个云端环境都有其优缺点。其中一些(Azure 和 IBM Cloud)强调创建首个深度学习项目的简易性，其他(AWS)则强调规模和现有的服务能力。一些提供深度学习环境的云供应商如下。

- *AWS*——可在 http://mng.bz/0Z4m 访问 AWS。AWS 中的 SageMaker 环境抽象出了管理机器学习模型的一些复杂性。AWS 提供了有关 SageMaker 的简易教程，其中的一本(http://mng.bz/9A0a)可指导你完成模型训练和部署的端到端的过程。
- *Google Cloud* ——链接为 http://mng.bz/K524。它同样提供了简单易用的教程，其中的一个(http://mng.bz/jVgy)能教你如何在 GCP 上部署深度学习模型。
- *Azure* ——链接为 http://mng.bz/oREN。Azure 是 Microsoft 提供的云端环境，其中也包含了用于深度学习项目的多个选项。http://mng.bz/8Gp2 上的教程提供了相应的简介。
- *Watson Studio Cloud*——链接为 http://mng.bz/nz8v。它提供了一个专用于机器学习的环境，可在不用深入研究 IBM Cloud 所有细节的情况下加以使用。http://mng.bz/Dz29 上的文章概述了相应的信息，同时包含了指向 AWS SageMaker、Google Cloud 以及 Azure 等相关内容的链接。

所有这些云端环境都能为你提供完成一个深度学习项目(包括

Python)所需的大多数库文件及相关的内容，并允许你访问深度学习加速硬件，如图形处理单元(GPU)以及张量处理单位(TPU)。

　　训练深度学习模型需要大规模的矩阵操作，而加速器能使这些操作更快地运行。如前所述，你可在没有 GPU 和 TPU 的环境中训练简单的深度学习模型，但是训练过程会慢上很多。关于本书扩展示例的哪部分代码在专用于深度学习的硬件环境中运行能获得更好的性能表现，请参见 2.11 节。

　　本节中列出的云环境提供了深度学习所需的硬件和软件环境，适用于广泛的用户群，而不局限于对深度学习模型感兴趣的人群。下面列出了两个专用于机器学习的云端环境。

- *Google Colaboratory*(即 Colab，链接为 http://mng.bz/QxNm)是 Google 提供的免费 Jupyter notebook 环境。
- *Paperspace*(https://towardsdatascience.com/paperspace-bc56ef af6c1f)是专用于机器学习的云端环境。可使用 Paperspace Gradient 环境来一键创建 Jupyter notebook 环境，并从中启动深度学习项目。图 2.1 显示了 Paperspace 控制台中的 Gradient notebook。

图 2.1　Paperspace Gradient：一键式深度学习云环境

　　可使用上述云端环境中的任意一个来练习本书中附带的代码。

如果你要使用云环境而非本地系统，强烈建议你使用 Paperspace Gradient，它不仅简单易用，而且能最大限度地增加你用在深度学习上的时间。你将获得一个可靠的运行环境，该环境能准确提供所需的内容，不会用到其他云环境提供的服务或组件。你需要设置信用卡才能使用 Gradient，基本的 Gradient 环境每小时大概要花费 1 美元。完成本书中所有的示例代码可能需要花费 30～50 美元，这取决于你处理代码的速度，以及 Gradient 开启的时长(不使用时记得关闭它)。

　　如果成本是你主要的考虑因素，并且你不想使用本地系统，那么 Colab 可能是另一个不错的云端环境。你在 Colab 上的体验可能不会像在 Paperspace Gradient 上那样流畅，但此时你就不用担心成本问题了。附录 A 将详细介绍使用 Colab 需要了解的内容，并描述与 Paperspace Gradient 相比，Colab 的优缺点。

　　除了 Colab 和 Paperspace Gradient，主流的云服务提供商(如 AWS、GCP 以及 IBM Cloud)还提供了可用于开发深度学习的 ML 环境。所有这些提供商都允许你在有限范围内免费访问其自有 ML 环境。如果你已经在使用这些平台之一，并且可在用完免费额度之后进行付费，那么这些主流的云服务商之一也可以是你的理想选择。

2.2　探索 Pandas 的代码

　　在 GitHub(http://mng.bz/v95x)上复制了与本书相关的内容之后，就可在 notebook 子目录中找到与探索 Pandas 相关的代码了。下面的代码清单 2.1 显示了本章中描述的代码文件。

代码清单 2.1　库中与 Pandas 基础相关的代码

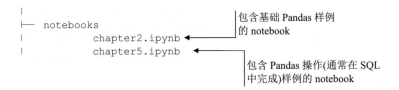

```
|
├── notebooks
|         chapter2.ipynb
|         chapter5.ipynb
```

包含基础 Pandas 样例
的 notebook

包含 Pandas 操作(通常在 SQL
中完成)样例的 notebook

2.3　Python 中的 Pandas 数据帧

如果你正在阅读本书，那么你将熟悉关系数据库以及具有行和列的表格数据组织形式。可将 Pandas 库视作 Python 表示和操作表格结构化数据的原生方法(Python化的处理方法)。Pandas 的关键结构是数据帧(dataframe)。可将数据帧视作关系型表的 Python 方法。和表一样，数据帧具有如下特征：

- 包含行和列(列可具有不同的数据类型)。
- 可以有索引。
- 可基于某些列中的值与其他数据帧进行联接。

在详细介绍 Pandas 数据帧之前，假设你想使用一个简单的表格数据集，即 Iris 数据集[1](https://gist.github.com/curran/a08a1080b88344b0c8a7)。如果使用 Python 来处理，则可以：

- 将 CSV 文件加载到 Pandas 结构中
- 计算数据集中的行数
- 计算数据集中物种为 setosa 的行数

图 2.2 显示了 Iris 数据集的一个子集，它是一个 CSV 文件。

要完成上述操作，需要创建一个包含该数据集的 Pandas 数据帧。可在 chapter2.ipynb notebook 的代码清单中找到对应的代码，如下面的代码清单 2.2 所示。

1　Iris 数据集是常用的分类数据集，由 Fisher 于 1936 年收集整理而成。该数据集通常也被称为鸢尾花卉数据集，其中包含 150 个数据样本，分为三类物种(Setosa、Versicolour、Virginica)，每类有 50 条记录，每条记录含 4 个属性)。

	A	B	C	D	E
1	sepal_length	sepal_width	petal_length	petal_width	species
2	5.1	3.5	1.4	0.2	setosa
3	4.9	3	1.4	0.2	setosa
4	4.7	3.2	1.3	0.2	setosa
5	4.6	3.1	1.5	0.2	setosa
6	5	3.6	1.4	0.2	setosa
7	5.4	3.9	1.7	0.4	setosa
8	4.6	3.4	1.4	0.3	setosa
9	5	3.4	1.5	0.2	setosa

图 2.2　CSV 文件格式的 Iris 数据集的一个子集

代码清单 2.2　使用 URL 引用的 CSV 来创建 Pandas 数据帧

导入 Pandas 库

```
import pandas as pd
url="https://gist.githubusercontent.com/curran/a08a1080b88344b0c8a7/\
raw/d546eaee765268bf2f487608c537c05e22e4b221/iris.csv"

iris_dataframe=pd.read_csv(url)
iris_dataframe.head()
```

Iris 数据集的原始 GitHub URL

将 URL 的内容读入 Pandas 数据帧

展示新数据帧中的头几行数据

在 chapter2 notebook 中运行上述代码，并记录其输出。head() 调用以易于阅读的格式列出了该数据帧的前几行(默认为 5 行)，如图 2.3 所示。

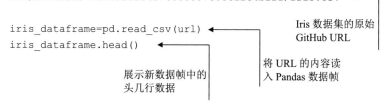

	sepal_length	sepal_width	petal_length	petal_width	species
0	5.1	3.5	1.4	0.2	Setosa
1	4.9	3.0	1.4	0.2	Setosa
2	4.7	3.2	1.3	0.2	Setosa
3	4.6	3.1	1.5	0.2	Setosa
4	5.0	3.6	1.4	0.2	Setosa

图 2.3　将 Iris 数据集加载到数据帧后调用 head()的输出结果

将上述输出结果与原始数据集的前几行(如图 2.4 所示)作一下

对比：

```
sepal_length,sepal_width,petal_length,petal_width,species
5.1,3.5,1.4,0.2,setosa
4.9,3.0,1.4,0.2,setosa
4.7,3.2,1.3,0.2,setosa
4.6,3.1,1.5,0.2,setosa
5.0,3.6,1.4,0.2,setosa
```

图 2.4　Iris 原始数据集的前几行

由此可见，原始的 CSV 文件与 Pandas 数据帧具有相同的列名和相同的值，但数据帧中的第一列是什么情况？默认情况下，Pandas 数据帧中的每一行都会被命名，并且该名称(默认情况下为数据帧中的第一列)是一个序列号，第一行从 0 开始。因此，也可将该列视作数据帧的默认索引。

现在，如果要获取数据帧中的行数，可执行如下代码：

```
iris_dataframe.shape[0]
150
```

最后，还要计算数据帧中物种为 setosa 的行数。在下面的代码中，iris_dataframe[iris_dataframe["species"] =='setosa']定义了一个数据帧，该数据帧中只包含原始数据帧中物种为 setosa 的行。使用 shape 属性的方法，与获取原始数据帧中行数的方式相同。因此，可使用如下 Python 语句来获取 species=="setosa"的数据帧中的行数：

```
iris_dataframe[iris_dataframe["species"] == 'setosa'].shape[0]
50
```

通过本书的主示例，你还将探索 Pandas 数据帧的更多特性。此外，2.5 节中也包含使用 Pandas 来执行常见的 SQL 操作的示例。到目前为止，本书已经教你如何将表格结构化数据导入 Python 程序中，现在，你可在 Python 中准备训练深度学习模型了。

2.4　将 CSV 文件提取到 Pandas 数据帧中

在上一节中，你已了解了如何将标识为 URL 的 CSV 文件提取到 Pandas 数据帧中。但是，假设你拥有已修改数据集的私有副本，那么你需要从文件系统的已修改文件中将该数据加载到数据帧中。在本部分，你将学习如何从文件系统将 CSV 文件读取到数据帧中。在第 3 章中，你还将学习如何将包含多个标签的 XLS 文件提取到单个数据帧中。

假设你想把 Iris 数据集加载到数据帧中，但你将 Iris 数据集放在了本地，且对该数据集的副本(名为 iriscaps.csv)进行了修改，使得物种名称的首字母变成了大写，以满足使用该数据集的应用程序的样式准则。因此，你需要从文件系统而不是从原始的 Iris 数据集加载数据。将 CSV 文件从文件系统导入 Pandas 数据帧的代码(如代码清单 2.3 所示)，类似于从 URL 加载到数据帧的代码。

代码清单 2.3　使用文件名引用的 CSV 来创建 Pandas 数据帧

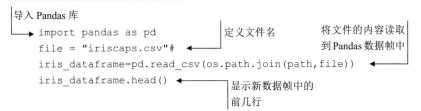

如何获取正确的路径，即数据文件所在的目录？本书中的所有代码示例均假定所有的数据都存储在名为 data 的目录中，该目录是包含 notebook 的目录的同级目录。在此目录结构中，顶级目录中的 notebook 和 data 分别包含代码文件和数据文件。

代码清单 2.4 显示了获取包含 notebook(原始路径)的目录的代码。然后，代码使用该目录来获取包含数据文件的目录，其方法是先转到包含 notebook 的目录的父目录，然后转到其下的 data 目录。

代码清单 2.4　获取 data 目录的路径

```
rawpath = os.getcwd()  ◀───────── 获取当前 notebook 所在的目录
print("raw path is",rawpath)
path = os.path.abspath(os.path.join(rawpath, '..', 'data'))  ◀──┐
print("path is", path)
                                        获取数据文件
                                        所在的目录
```

注意，这里使用了相同的 read_csv 函数，但参数是文件所在的文件系统路径，而非 URL。图 2.5 显示了已被修改的数据集，其中物种(species)名称的首字母大写。

	sepal_length	sepal_width	petal_length	petal_width	species
0	5.1	3.5	1.4	0.2	Setosa
1	4.9	3.0	1.4	0.2	Setosa
2	4.7	3.2	1.3	0.2	Setosa
3	4.6	3.1	1.5	0.2	Setosa
4	5.0	3.6	1.4	0.2	Setosa

图 2.5　从物种名称首字母大写的文件中加载数据的数据帧

本节讨论了如何将文件系统中的 CSV 文件内容加载到 Pandas 数据帧中。后面的第 3 章将教你如何将 XLS 文件内容加载到数据帧。

2.5　使用 Pandas 来完成 SQL 操作

2.3 节介绍了 Pandas 库，该库是处理结构化表格数据的 Python 解决方案。本节将更为深入地探讨这一部分。这里将展示一些示例来说明如何使用 Pandas 完成类似于 SQL 的表格操作。不过，本节不是详尽的 "SQL-to-Pandas 字典"。想查看更多示例，可参考 http://mng.bz/lXGM 和 http://sergilehkyi. com/translating-sql-to-pandas。下面的一些示例说明了如何使用 Pandas 来生成与 SQL 相同的结果。

接下来完成以下示例。

(1) 在关系数据库(本示例假设数据库为 PostgreSQL)中创建一张名为 streetcarjan2014 的表，其方法是加载有轨电车延迟数据集内 2014 XLS 文件的第一个选项卡对应的 CSV 文件。要确保"最小延迟(Min Delay)"列的类型为数字。

(2) 使用 chapter5.ipynb notebook 从同一 CSV 文件创建 Pandas 数据帧。该 notebook 假定 CSV 文件位于 data 目录下，该目录是包含 notebook 的目录的同级目录。

现在看几对等效的 SQL 和 Pandas 语句。首先，获取表的前三行数据：

- *SQL*——`select * from streetcarjan2014 limit 3`
- *Pandas*——`streetcarjan2014.head(3)`

图 2.6 显示了 SQL 查询及其结果，图 2.7 则显示了相应的 Pandas 操作及其结果。

Query Editor	Query History								Scratch Pa
1　**select** * **from** streetcarjan2014 **limit** 3									

	Report Date character varyir	Route character	Time character varyir	Day character	Location character varying (200)	Incident character varying (80)	Min Delay integer	Min Gap integer	Direction character va	Vehicle character
1	2014-01-02	505	6:31:00 AM	Thursday	Dundas and Roncesvalles	Late Leaving Garage	4	8	E/B	4018
2	2014-01-02	504	12:43:00 PM	Thursday	King and Shaw	Utilized Off Route	20	22	E/B	4128
3	2014-01-02	501	2:01:00 PM	Thursday	Kingston road and Bingham	Held By	13	19	W/B	4016

图 2.6　使用 SQL 获取前三行记录

要在 select 语句上添加一个过滤条件：

- *SQL*——`select "Route" from streetcarjan2014 where "Location" = 'King and Shaw'`

`streetcarjan2014.head(3)`

	Report Date	Route	Time	Day	Location	Incident	Min Delay	Min Gap	Direction	Vehicle
0	2014-01-02	505	6:31:00 AM	Thursday	Dundas and Roncesvalles	Late Leaving Garage	4	8.0	E/B	4018.0
1	2014-01-02	504	12:43:00 PM	Thursday	King and Shaw	Utilized Off Route	20	22.0	E/B	4128.0
2	2014-01-02	501	2:01:00 PM	Thursday	Kingston road and Bingham	Held By	13	19.0	W/B	4016.0

图 2.7　使用 Pandas 获取前三行记录

- *Pandas*——streetcarjan2014[streetcarjan2014.Location == "King and Shaw"].Route

要列出一列中唯一的条目：

- *SQL*——select distinct "Incident" from streetcarjan2014
- *Pandas*——streetcarjan2014.Incident.unique()

要在 select 语句上添加多个过滤条件：

- *SQL*——select * from streetcarjan2014 where "Min Delay" > 20 and "Day" = 'Sunday'
- *Pandas*——streetcarjan2014[(streetcarjan2014['Min Delay'] > 20) & (streetcarjan2014['Day'] == "Sunday")]

图 2.8 显示了 SQL 查询及其结果，图 2.9 则显示了相应的 Pandas 操作及其结果。

```
1  select * from streetcarjan2014 where "Min Delay" > 20 and "Day" = 'Sunday'
```

Data Output　Explain　Messages　Notifications

	Report Date character varyir	Route character	Time character varyi	Day character \	Location character varying (200)	Incident character varying (80)	Min Delay integer	Min Gap integer	Direction character v:	Vehicle character
1	2014-01-19	504	8:33:00 AM	Sunday	King and Queen	Held By	40	50	E/B	4089
2	2014-01-19	511	7:17:00 PM	Sunday	Bathurst and Front	Investigation	33	40	S/B	4179

图 2.8　带有多个条件的 select(SQL)语句

streetcarjan2014[(streetcarjan2014['Min Delay'] > 20) & (streetcarjan2014['Day'] == "Sunday")]

	Report Date	Route	Time	Day	Location	Incident	Min Delay	Min Gap	Direction	Vehicle
305	2014-01-19	504	8:33:00 AM	Sunday	King and Queen	Held By	40	50.0	E/B	4089.0
311	2014-01-19	511	7:17:00 PM	Sunday	Bathurst and Front	Investigation	33	40.0	S/B	4179.0

图 2.9　带有多个条件的 select(Pandas)语句

要在 select 语句上添加 order by：

- *SQL*——select "Route", "Min Delay" from streetcarjan2014 where "Min Delay" > 20 order by "Min Delay"
- *Pandas* —— streetcarjan2014[['Route','Min Delay']][(streetcarjan2014['Min Delay'] > 20)].sort_values('Min Delay')

本节介绍了关于如何使用 Pandas 来进行常见的 SQL 操作的一些

示例。如果继续使用 Pandas，你会发现 Pandas 还有许多其他的方式，可让你轻松地在 Python 的世界中使用你所拥有的 SQL 经验。

2.6　主示例: 预测有轨电车的延误情况

现在，你已经了解了如何将表格结构化数据引入 Python 程序，接下来研究一下本书中使用的主示例: 预测有轨电车的延误问题。

要创建成功的深度学习项目，需要有数据和明确定义的要解决的问题。本书使用的是多伦多市发布的公开数据集(http://mng.bz/4B2B)，该数据集描述了自 2014 年 1 月以来，多伦多市发生的每一次有轨电车延误情况。要解决的问题是，如何预测多伦多市有轨电车的延误情况，从而防止延误情况的发生。在本章中，你将了解该数据集的格式。在后续章节中，你还需要学习如何处理数据集中存在的问题，然后才能将其运用到深度学习模型的训练上。

为什么多伦多市的有轨电车延误问题很重要？在第二次世界大战之前，北美许多城市都有电车系统。这些系统在世界上某些地方被称为有轨电车，它们由轻轨车辆组成，通常独立运行，一般由架空电缆供电，有时候由街道上的铁轨供电，并在公共空间的铁轨上与其他交通工具并行。尽管多伦多市的某些有轨电车网络位于专用的通行道路上，但大部分都是在公共街道上与其他交通工具混在一起运行。

第二次世界大战后，大多数北美城市都用公共汽车替换了有轨电车。一些城市则保留了标志性的有轨电车服务，并使其成为旅游景观。但是，多伦多市在北美是独一无二的。因为它保留了广泛的有轨电车网络，并将其用作整个公共交通系统的关键部分。如今，多伦多市内最繁忙的 5 条地面线路中，有 4 条是由有轨电车提供服务的，每个工作日最多可搭载 30 万名乘客。

与公共汽车和地铁(组成多伦多公共交通系统的其他交通方式)相比，有轨电车网络具有很多优势。与公共汽车相比，有轨电车使用寿命更长，且不会排放尾气。每位驾驶员能携带的乘客数量至少是公共汽车载客量的两倍，电车的制造和维护成本也更低，且服务更灵活。

然而，有轨电车有两个很大的缺点：它们容易受到一般交通障碍物的影响，并且很难绕开这些障碍物。有轨电车如果被阻塞，可能导致有轨电车网络的累积阻塞与延迟，进而导致最繁忙的道路上出现整体交通拥堵状况。

通过多伦多市提供的有轨电车延误数据集，我们可利用深度学习来预测和预防有轨电车的延误情况。图 2.10 显示了将有轨电车延误热图叠加在多伦多地图上的效果。你可在 streetcar_data-geocode-get-boundaries notebook 中找到生成此地图的代码。在该图中，有轨电车延误最多的区域(图上的深色斑点)是城市中心最繁忙的街道。

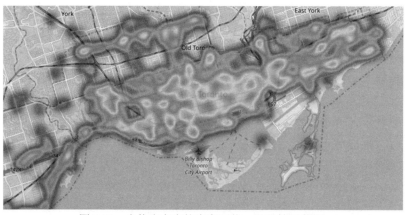

图 2.10　多伦多市有轨电车网络：延迟情况热图

在详细介绍本问题的数据集之前，此处有必要解释一下为何要选择此问题来作示例。为何不选择一个标准的业务问题，例如客户流失(预测客户是否要取消服务)或者库存控制(预测零售店将在何时耗完特定商品的库存)？为何要选择基于特定活动(公共交通)和特定地点(多伦多市)的问题？选择该问题的一些原因如下。

- 该问题具有"刚刚好(Goldilocks)"的数据集(既不是太大，也不是太小)。一个极为庞大的数据集往往会带来其他的数据管理问题，而这些问题对于掌握深度学习技术并不是至关重要的。此外，大数据集还可能会掩盖代码和算法中的不足之处。通常来说，拥有最多数据的人是最适合进行深度学习的。但是对于初学者而言，则并无必要用大量的数据来作支撑。另一方面，如果数据太少，深度学习就没有足够的信号来进行检测。该有轨电车数据集(当前超过 70 000行)足够大，完全可用来进行深度学习，但是又不算太大，因此很容易进行探索。
- 数据集是随时更新的，每两个月更新一次，因此你会有足够的机会来使用之前未出现过的数据测试模型。
- 数据集是真实且原始的。该数据集是相关机构在数年中出于多种目的而收集的，但并非为了训练深度学习模型。你将在随后两章中看到，该数据集存在着各种错误和异常情况。我们需要先解决掉这些问题，然后才能训练深度学习模型。实际上，你也会在各种业务应用程序中看到类似的混乱数据集。通过整理现实世界中的有轨电车数据集，你就可处理其他的真实数据集了。
- 企业必须应对竞争和监管压力，所以它们无法轻易公开或者共享其数据集。因此，很难从企业中找到真实而有用的数据集。相反，公共机构则通常有发布数据集的法律义务，所以，我们可利用多伦多市对有轨电车延误数据集的开放性来构建本书的主示例。
- 该问题可为广大受众所使用，且与任何特定的行业或者学科无关。

尽管有轨电车延误问题的优点之一是不针对任何业务，但是该问题可与深度学习通常处理的业务问题直接相关，包括：

- *客户支持*——数据集中的每一行都可与客户支持系统中的票据相媲美。事件(Incident)列类似于票务系统中显示的自由格式文本摘要，而最小延迟(Min Delay)和最小间隔(Min Gap)列的作用，则类似于票务系统中通常记录的问题严重性信息。报告日期(Report Date)、时间(Time)以及日(Day)列，则可映射到客户支持票务系统中的时间戳信息。
- *物流*——与物流系统类似，有轨电车网络也具有空间性质(对应于数据集中的路线、位置以及方向等列)和时间性质(对应于报告日期、时间和日等列)。

2.7　为何真实世界的数据集对于掌握深度学习至关重要

在学习深度学习技术时，使用真实且混乱的数据集为何如此重要？将深度学习应用到现实世界中的数据集上，就像使用过去40年所收集的满满一盒媒体资源来创建蓝光光盘一样。该盒子包含多种格式，包括长宽比为4:3的模拟视频、模拟照片、单声道音频以及数字视频等。有一件事情很明显：该盒子中的所有媒体资源都没有考虑到蓝光。因为大多数资源都是在蓝光出现之前录制的，所以我们需要对其进行预处理，例如校正颜色、清除VHS抖动以及固定模拟视频中的长宽比等，然后将其存储到蓝光光盘中。对于单声道音频，你还需要删除其中的杂音，并将其转换为立体声。图2.11总结了组装各种组件以形成蓝光光盘的过程。

同样，对于组织中准备用深度学习处理的问题，其在收集数据集时并未考虑到深度学习。你需要对数据集进行清理、转换或者推断，从而获得能用于训练深度学习模型的数据集。

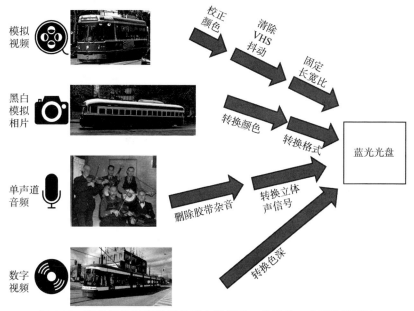

图 2.11　准备用于深度学习的真实数据集，就像从一盒媒体资源中
创建蓝光光盘一样

2.8　输入数据集的格式和范围

回顾了有轨电车延误问题以及使用真实数据集的重要性之后，接下来应该研究一下有轨电车延误数据集(http://mng.bz/4B2B)的结构了。该数据集具有以下文件结构：

- 一年的数据对应一个 XLS 文件
- 在每个 XLS 文件中，一个标签对应一个月的数据

图 2.12 显示了有轨电车延误数据集的文件结构。

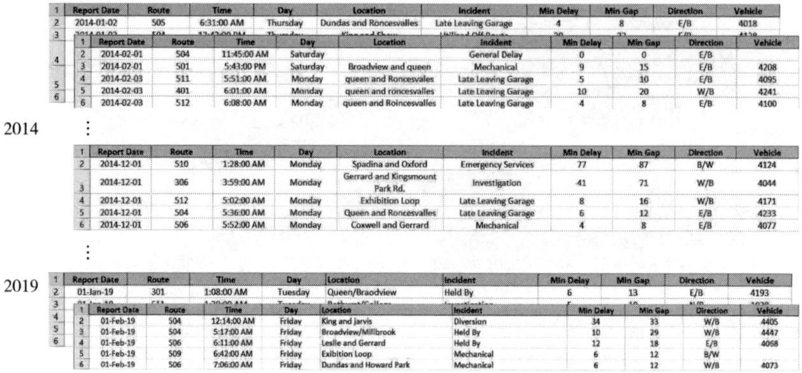

图 2.12 有轨电车延误数据集的文件结构

图 2.13 则显示了该数据集中的列。

Report Date	Route	Time	Day	Location	Incident	Min Delay	Min Gap	Direction	Vehicle
2014-01-02	505	6:31:00 AM	Thursday	Dundas and Roncesvalles	Late Leaving Garage	4	8	E/B	4018
2014-01-02	504	12:43:00 PM	Thursday	King and Shaw	Utilized Off Route	20	22	E/B	4128
2014-01-02	501	2:01:00 PM	Thursday	Kingston road and Bingham	Held By	13	19	W/B	4016
2014-01-02	504	2:22:00 PM	Thursday	King St. and Roncesvalles Ave.	Investigation	7	11	W/B	4175

图 2.13 有轨电车延误数据集中的列

- *报告日期(Report Date)*——引起延误的事件发生的日期(YYYY/MM/DD)
- *路线(Route)*——有轨电车路线编号
- *时间(Time)*——引起延误的事件发生的时间(hh:mm:ss AM/PM)
- *日(Day)*——日的名称
- *位置(Location)*——引起延误的事件的位置
- *事件(Incident)*——引起延误的事件的描述
- *最小延迟(Min Delay)*——后继电车时刻表中的延迟时间，单位为分钟
- *最小间隔(Min Gap)*——当前有轨电车到下一辆有轨电车之间的总预计时间，单位为分钟
- *方向(Direction)*——路线的方向(E/B、W/B、N/B、S/B、B/W以及其他方向)，其中 B/W 表示双向
- *车辆(Vehicle)*——事件中涉及的车辆 ID

这里值得花一些时间来研究一下部分列的特征。

- *报告日期(Report Date)*——该列中包含许多可能会对深度学习模型有价值的信息。第 5 章将再次研究该列，并将派生的列添加到该列的子集中：年、月，以及月中的日。

- *日(Day)*——该列中的信息是否与报告日期列中的信息重复？考虑到这个问题，在某个星期一发生的事件，是否恰好与该月的最后一天相关？第 9 章将深入探讨这些问题。

- *位置(Location)*——该列是数据集中最为有趣的列。它以具有挑战性的开放格式对数据集中的地理信息进行编码。第 4 章将继续研究该列，并回答一些重要的相关问题，包括为何不将这些数据编码为经度和纬度，以及有轨电车网络的独特地形如何在该列的值中体现出来，等等。第 9 章将探讨针对深度学习模型对该列进行编码的最有效方法。

该数据集当前有 70 000 多条记录，并且每月还会添加 1 000～2 000 条新记录。图 2.14 展示了自 2014 年 1 月以来，每年增加的记录数量。其中，原始记录数是指输入数据集中的记录数，而清理后记录数则指的是删除具有无效值(如无效有轨电车路线上的延迟事件)的记录后的记录数量，第 3 章将对此予以描述。

年份	原始记录数	清理后记录数
2014	11 027	9 340
2015	12 221	10 877
2016	14 021	11 908
2017	13 762	9 890
2018	15 612	12 011
2019	11 882	7 474

图 2.14　有轨电车数据集中每年增加的记录数

2.9　目的地：端到端的解决方案

本书的其余部分将着力解决预测有轨电车延误这一问题。我们将清理输入的数据集，构建深度学习模型，训练模型，然后进行部署，从而帮助用户预测其有轨电车旅行是否会出现延误。

图 2.15 展示了通过本书的扩展示例能获得的结果之一。利用本章介绍的原始数据集中的数据训练深度学习模型，你就可根据该模型预测特定的有轨电车是否会出现延迟了。

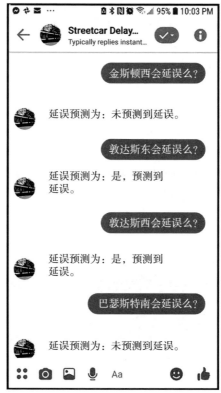

图 2.15　扩展示例结果之一：Facebook Messenger 部署

图 2.16 总结了如何通过本书中扩展的有轨电车示例来完成端到端的过程：从本章介绍的原始数据集到模型部署的过程。该部署使用户可预测其有轨电车旅行是否会出现延误。请注意，图 2.16 中展示的两种部署方法(分别为 Facebook Messenger 部署和 Web 部署)旨

在达到同一目的：希望知道其有轨电车旅行是否会延误的用户可使用经过训练的深度学习模型进行预测。

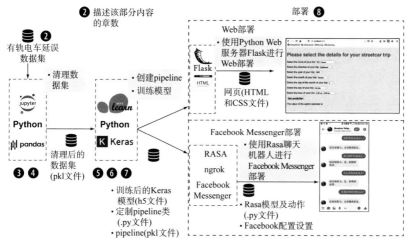

图 2.16　从原始数据到有轨电车旅行预测的过程

图 2.16 中的数字突出显示了每章所讨论的内容。

- 第 2 章介绍扩展示例中将会用到的原始数据集。
- 第 3 章和第 4 章介绍应采取哪些步骤来清理原始数据集，并将其准备好，以应用到深度学习模型中。
- 第 5 章介绍如何使用 Keras 库来创建简单的深度学习模型。
- 第 6 章介绍如何使用在第 3 章和第 4 章中准备的数据集来训练 Keras 深度学习模型。
- 第 7 章介绍如何进行一系列实验来确定改变深度学习模型的各个方面能带来的影响，以及使用非深度学习方法代替深度学习模型的影响。
- 第 8 章将展示如何部署在第 6 章中训练的深度学习模型。你将使用 scikit-learn 库中的 pipeline 来处理用户提供的行程数据，从而让经过训练的深度学习模型作出预测。第 8 章将引导你完成两种方式的模型部署。首先，通过 Flask 提供的网页(https://flask.palletsprojects.com/en/1.1.x)来部署经过训练的模型,该网页是 Python 的基本 Web 应用框架。这种部署方法很简单,但是用户体验有限。第二种部署方法则是通过 Rasa 聊天机器人框架来解释用户的行程预测请求,并在 Facebook Messenger 中显示该模型的预测结果,因而提供了更为丰富的用户体验。

2.10　有关解决方案代码的更多细节

通过一系列的 Python 程序以及每个程序输入、输出的文件,2.9 节中描述的端到端的过程得到了实现。如第 1 章所述,这些文件可在本书的 GitHub 库中找到,网址为 http://mng.bz/v95x。下面的代码清单 2.5 显示了其中的关键目录,并总结了每个目录中包含的文件。

代码清单 2.5　资料库中的目录结构

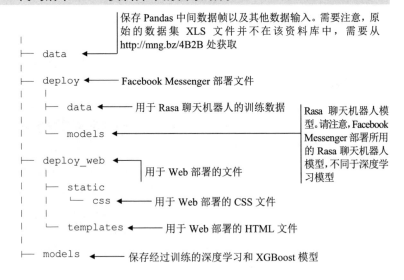

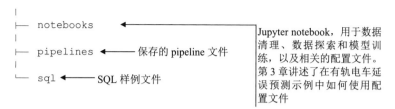

图 2.17 和 2.18 从 Python 程序及程序之间文件流转的角度描述了与图 2.16 相同的端到端过程。图 2.17 显示了从原始数据集到已训练模型的过程。

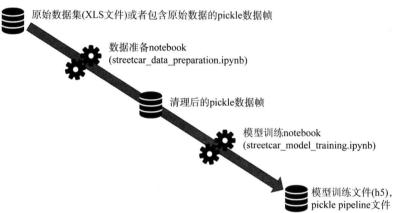

图 2.17　从原始数据集到训练模型的文件处理进程

- 从本章介绍的由 XLS 文件组成的原始数据集开始，运行数据准备 notebook 之后，可将 XLS 文件中的数据另存到 pickle 数据帧当中，方便以后重新运行该 notebook。第 3 章将介绍 pickle 工具，该工具可将文件中的 Python 对象序列化，以便你在 Python 会话之间保存对象。

- 通过数据准备 notebook 清理数据集(如将重复的值映射到一个公共值，删除包含无效值的记录等)，使用 streetcar_data_preparation.ipynb 来生成清理后的 pickle 数据帧。这一部分内容将在第 3 章和第 4 章中进行描述。

- 清理后的数据帧将被输入模型训练 notebook，即使用 streetcar_model_training.ipynb 来重构数据集，并生成 pickle pipeline 文件和经过训练的深度学习模型文件。第 5 章和第 6 章将介绍这一部分。

图 2.18 从模型训练 notebook 生成的已训练的模型文件和 pickle pipeline 文件开始，在部署中使用 pipeline 来获取用户输入的行程信息(如有轨电车的路线和方向)，并将该信息转换为可被已训练的深度学习模型用来进行预测的格式。第 8 章将谈到，这些 pipeline 在该过程中出现了两次。首先，使用它们来转换用于训练深度学习模型的数据。然后，使用它们来转换用户的输入，以便经过训练的模型可为其生成预测结果。第 8 章将介绍两种部署方式：Web 部署(用户在网页中输入行程信息)和 Facebook Messenger 部署(用户在 Facebook Messenger 会话中输入行程信息)。

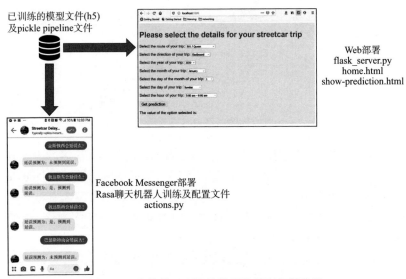

图 2.18　文件从已训练的模型流转到部署阶段

　　本节从两种视角描述了从输入数据集到部署深度学习模型的过程，该模型可用于预测有轨电车行程是否会延误。此过程涵盖了广

泛的技术工具和组件，但如果你对其中的某些组件不太熟悉，也不
必担心。在你逐章阅读的时候，本书将在相应的地方分别介绍这些
组件。读完第 8 章后，你就能使用结构化数据解决方案来进行端到
端的深度学习，从而预测有轨电车的延误情况。

2.11　开发环境：普通环境与深度学习专用环境

2.1 节探讨了本书所用的环境选项。本节将讨论哪些代码子集适
合专用于深度学习的环境，而哪些子集可在普通的系统上运行——
不必访问专门的深度学习硬件(如 GPU 和 TPU)。普通环境可以是本
地系统(安装了 Jupyter Notebook、Python 以及所需的 Python 库等)
或者是无需 GPU/TPU 的其他云端环境。

图 2.19 显示了端到端的解决方案，重点介绍了哪些区域适合深
度学习专用环境，以及哪些可在普通环境中运行。

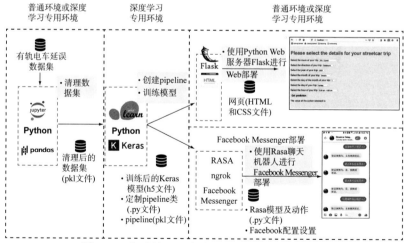

图 2.19　能受益于深度学习专用环境的部分流程

- 数据准备代码(在第 2～4 章中介绍)可在普通环境或深度学
  习专用环境中完成。这些部分要执行的操作无需专门的深度

学习硬件。经测试，可在 Paperspace Gradient 和本地的
Windows 计算机上成功运行这些数据准备代码，两种环境
都没有深度学习专用的硬件。

- 如果你没有使用深度学习专用的硬件，例如在 Paperspace、
  Azure 或 Google Cloud、Colab 中没有使用 GPU 或者 TPU，
  那么第 5～7 章中描述的模型训练代码的运行速度将变慢。
- 第 8 章描述的部署代码既可在普通环境中部署，也可在深度
  学习专用环境中部署。经试验，可在 Azure(使用了标准的、
  未启用 GPU 的 VM)和本地 Windows 计算机上成功进行部
  署。训练后的模型在部署时，不必使用深度学习的专用硬件。

2.12　深入研究反对深度学习的意见

第 1 章简要探讨了关于深度学习的正反意见。接下来，我们有
必要对深度学习和非深度学习机器学习进行更详细的比较。为简便
起见，本章将后者称为经典机器学习。

在处理结构化表格数据时，需要将经典机器学习和深度学习进
行对比。传统的观点是，应该对结构化数据使用经典机器学习，而
非深度学习。本书的重点是研究如何将深度学习应用于结构化数据，
因此需要为这种想法提供一些动力，并研究"如果处理的是结构化
数据，就不要使用深度学习"这一格言背后的理由。

现在更深入地研究一下第 1 章中提到的那些与深度学习相关的
反对意见。如图 2.20 所示。

- *对于深度学习而言，结构化数据集太小了。*虽然整个观点经
  不起仔细的审查，但该反对意见的背后显然有着非常合理的
  理由。确实，对于深度学习而言，很多结构化数据集都太小
  了。也许这就是人们持此反对意见的主要原因。但是，关系
  型表包含数千万乃至数十亿条记录的情况也并不少见。顶级
  的商业关系数据库供应商都能支持超过 10 亿条记录的表。

可轻易找到的开源结构化数据集确实都很小。因此，在寻找一个准备研究的问题时，找到一个较小的且适合经典机器学习的结构化数据集，往往比找到一个大型的开源结构化数据集要容易得多。所以，数据集大小的问题其实是方便性的问题，而不是结构化数据集固有的大小问题。幸运的是，本书中使用的有轨电车数据集既开放，又足够大，可用来研究深度学习。

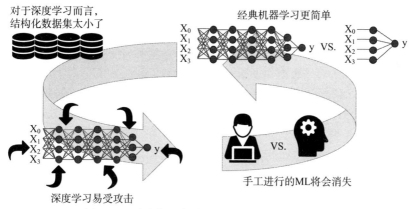

图 2.20　反对将深度学习用于结构化数据的观点

- *保持简单*。对于结构化数据集而言，选择经典机器学习而非深度学习的最为常见的理由，就是其简单性。根本原因是，经典的机器学习算法比深度学习算法更简单易用且更透明。第 7 章将介绍如何使用深度学习算法和基于 XGBoost(一种非深度学习算法)的方案来处理有轨电车延误的预测问题，并对两种方法进行直接的比较。两种实现方法采用相同的数据准备步骤和相同的 pipeline，而这些则构成了解决方案的大部分代码。解决方案的核心在于模型的定义、训练以及评估，这也正是两种方案存在差异之处。在这一部分，深度学习约有 60 行代码，而 XGBoost 则不到 20 行。虽然后者的核心代码行更少，但是这部分代码在整个解决方案中的占比不到 10%。此外，深度学习方法核心代码的复杂性使该方法更具灵活性,因为它可处理包含自由格式文本列的数据集。

● *深度学习更容易受到攻击*。在很多广为人知的案例中,攻击者恶意篡改数据示例以利用深度学习系统中的漏洞,导致系统对数据进行了错误的评估。例如,攻击者能以人类无法察觉的方式篡改熊猫的图片,从而欺骗深度学习模型,使其在识别该图片时出现错误。你可在 http://mng.bz/BE2g 上看到此图片。对我们来说,经过篡改的图片看起来仍然像熊猫,但深度学习系统却将其识别为长臂猿。

第 1 章中已经指出,商业和政府行业的关键数据都存储在结构化数据中。如果恶意行为有可能误导深度学习系统,那么,在分析这些有价值的数据时,为什么要信任深度学习系统?再者,这些漏洞是深度学习所独有的吗?http://mng.bz/dwyX 上的文章认为,经典机器学习算法和深度学习一样容易遭受欺骗。既然如此,为何还要对愚蠢的深度学习多加关注呢?与深度学习相关的炒作会引起各种对立的意见,而深度学习被愚弄的例子往往能引出更好的观点。深度学习模型将长颈鹿误认为北极熊的消息听起来比线性回归模型由于输入表中一列值被更改而预测错误的消息更有趣一些。最后,深度学习和经典机器学习对攻击的脆弱性往往取决于获取了有关模型性质内部信息的攻击者。如果你对模型的安全性进行了适当的管理,有价值的数据就不会受到攻击的威胁。

● *手工创建深度学习解决方案的时代即将结束*。机器学习的世界发展极为迅速,其潜在影响也非常大,因此预测非专业人士在21世纪30年代初会如何利用机器学习技术的做法是不太明智的。想想 20 世纪 90 年代中期人们对多媒体的兴趣。那时候,即使是不直接参与创建多媒体平台的人,如果想利用多媒体的话,也必须关注声卡驱动的奥秘以及 IRQ 冲突[1]问题。现在,人们认为计算机的音频和视频功能是理所当然

1　当两个或多个硬件设备同时使用一个中断通道时,就会发生 IRQ 冲突。因为此时处理器无法判断收到的中断请求是来自哪个设备的。

的，只有极少的人会关注多媒体的细节。由于使用的次数越来越少，多媒体一词现在已经变得有点古怪了：因为该技术无处不在，我们反倒不需要用专门的术语来形容它了。机器学习和深度学习在将来会面临同样的命运么？Google 的 Auto ML(https://cloud.google.com/automl)之类的自动化解决方案发展成熟后，可能只有少量的深度 ML 专家需要手工进行编码。但是，即便发生了这种情况，你仍然有必要理解深度学习背后的基本概念，以及在实际的数据集上使用深度学习技术时需要采取的步骤。这些概念对于机器学习而言就好像化学的元素周期表一样。除了专门研究化学或者相关学科的人员，大多数人根本不需要用到周期表中的各种基本概念。但是，你仍然有必要了解元素周期表及其蕴含的关于物质性质的相关知识。同样，即使在不久的将来，机器学习系统在很大程度上能自动化实现了，了解深度学习的基本概念也还是有价值的。因为你在某种程度上理解了它的工作原理，所以能对深度学习的适用性作出更好的判断。

本节深入探讨了一些反对深度学习的意见。特别是其中的一个反对意见，即对于非专业人士而言，深度学习太难了。在 5 年前，该意见可能是对的，但如今情况不同了。那么，近 5 年来究竟发生了什么，使得深度学习成为更多问题的候选解决方案，并让非专业人士也可轻松地使用它？下一节将回答这个问题。首先，讨论一下哪种方法更适合处理结构化数据：深度学习还是经典机器学习。第 5 章和第 6 章将提供用于预测有轨电车延误情况的深度学习模型的相关代码，以及一系列测验已训练的深度学习模型的性能的实验结果。此外，第 7 章将介绍如何使用经典机器学习算法 XGBoost 来解决预测有轨电车延误情况的问题。在第 7 章中，你能直接将深度学习解决方案的代码与 XGBoost 的代码进行比较。本书将正面对比这两种解决方案的性能，以便你得出自己的结论，确定哪种方法更适合解决此问题。

2.13 深度学习是如何变得更易于使用的

上一节讨论了一些反对深度学习的意见。究竟发生了什么变化，使得这些反对意见值得被研究？为什么现在的深度学习能与经典的机器学习一道成为可行的解决方法？图 2.21 总结了过去 10 年间的一些变化，这些变化向更广泛的受众展示了深度学习的力量。

云端环境   稳定、易访问的深度学习库

大型、开放的数据集   高质量、易访问的在线培训课程

deeplearning.ai   fast.ai

图 2.21   近年发生的使非专业人士也可使用深度学习的变化

关于图 2.21 中列出的变化，详细信息如下。

- *云端环境*——如 2.1 节所述，所有主要的云供应商都提供了深度学习环境，其中包含训练深度学习模型所需的软件堆栈和专用硬件。这些环境提供的选择涵盖了以深度学习为中心的 Paperspace Gradient 环境以及包含各种服务的 AWS 等，并且硬件选项和性价比也在逐年提高。深度学习不再为少数技术巨头，或者拥有丰富财力的学术机构所专有。非专业人士也可轻易使用。

- *稳定、可访问的深度学习库*——自 2015 年初 Keras 发布以来，我们可通过直观易学的界面来充分发挥深度学习的强大功能。PyTorch(https://pytorch.org)于 2016 年底发布，TensorFlow 2.0 于 2019 年中期发布，二者为开发人员提供了更多可用于深度学习的选择。

- *大型、开放的数据集*——在过去的 10 年间，大型数据集的爆

炸式增长使得深度学习有了用武之地。2000 年左右，社交
媒体和智能手机出现，政府积极提供开放的数据集，而
Google 则提供数据集搜索引擎(https://toolbox.google.com/
datasetsearch)，这些因素结合在一起，使得人们能轻松地访问
各种大型有趣的数据集。不止如此，Kaggle(https://www.kaggle.
com)之类的网站还为想利用这些数据集的机器学习研究人
员提供了平台。

- *高质量、易访问的在线深度学习教育资料*——包括各种出色
  的在线自学课程。自 2017 年以来，DeepLearning.ai 和 fast.ai
  之类的课程使得非专业人员也可自由学习深度学习技术。尤
  其是 fast.ai，通过它，你可利用相关人员在真实编码示例中
  积累的经验。这些课程意味着你不必获得人工智能相关的研
  究生学位即可学习深度学习。

2.14　训练深度学习模型初试

接下来的 6 章(将讲解扩展示例的全部代码，从第 3 章(清理数据)开
始，到第 8 章(部署已训练的模型)结束。如果将扩展示例视作动作电
影，那么在第 6 章中训练深度学习模型时，你将体会到类似于大型汽
车追逐场景的效果。此外，为了让你尽快体验到训练深度学习的乐趣，
本节将简化训练深度学习模型的场景。

复制了 2.10 节中描述的资料库后，可看到如下文件。本节将使
用这些文件。

- 在 notebooks 目录下，streetcar_model_training.ipynb notebook
  包含了用于定义和训练深度学习模型的代码。配置文件
  streetcar_model_training_config.yml 能让你设置模型训练过
  程中的相关参数。
- 在 data 目录中，你将找到一个名为 2014_2019_df_cleaned_
  remove_bad_values_may16_2020.pkl 的文件，它是已完成清

理操作的数据集文件。可将此文件用作模型训练 notebook 的输入，因此在该场景你不必运行数据集清理代码。如果将训练好的深度学习模型比作一顿美餐，这个清理后的数据集就是一盘已经清洗、切碎，然后准备下锅的配料。当你阅读本书的第 3 章和第 4 章时，需要自行完成对配料的清洗和切碎等操作。但是就本节而言，所有的准备工作都已完成，你只需要将配料放入锅中即可。

对深度学习模型进行训练的简要步骤如下。

(1) 更新 streetcar_model_training_config.yml 文件以设置参数。如下面的代码清单 2.6 所示。

代码清单 2.6　需要在配置文件中进行设置的条目

使用修饰符(modifier)为输出 pipeline 和
已训练的模型文件生成唯一的名称

```
    modifier: 'initial_walkthrough_2020'
    pickled_dataframe: '2014_2019_df_cleaned_remove_bad_values_
may16_2020.pkl'              用于训练模型的输入文件的名称
    current_experiment: 9
    get_test_train_acc: False
```

使用切换来控制扩展的测试以及训练准确度计算的运行。该部分代码可能需要运行较长时间，因此初次训练时将其设置为关闭

预设实验指定训练运行的特征，包括运行训练集的次数，训练是否解决了训练集中的不平衡问题，以及如果模型性能不再提升，训练是否需要提前终止，等等

(2) 在为示例选择的环境中打开模型训练 notebook，然后运行该 notebook 中的所有单元。

(3) notebook 运行完毕后，在 models 子目录中查找名为 scmodelinitial_walkthrough_2020_9.h5 的文件。该文件就是经过训练的模型，包含其在训练过程中学习到的全部权重。

现在，你已成功完成了深度学习模型的训练。如果愿意，你还可按照第 8 章中的描述来创建一个简单的网站，该网站将调用该模型来预测给定的有轨电车旅程是否会出现延误。尽管该模型是经过训练的功能齐全的深度学习模型，但其性能却不是最好的。如果你

检查了 notebook 的末端，你将看到一个被称为混淆矩阵的有色方框。该矩阵总结了你在本次训练中所获模型的良好程度。混淆矩阵如图 2.22 所示。

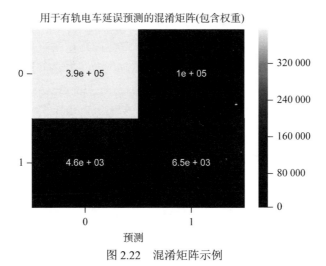

图 2.22　混淆矩阵示例

混淆矩阵的左上和右下两个象限显示了模型在测试集(即训练过程中未使用的数据集的子集)上作出正确预测的次数。右上和左下两个象限则显示了模型预测错误的次数。本书的第 6 章将为你描述并解释混淆矩阵，也会详细说明构成训练实验的相关参数。现在，需要注意混淆矩阵底部那行的数据，它表明，在 40%的测试时间内，当发生延误时，模型并没有预测延误。第 6 章将谈到，对于用户而言，这种结果显然是最糟糕的结果。因此，如此频繁地发生预测错误并不是好事。需要如何做才能获得更好的深度学习模型？2.8 节中描述的原始输入数据集，与真正输入到模型进行训练的清理后数据集又有何区别？既然你已经体验了训练深度学习模型的过程，那么可阅读后面的第 3~7 章的内容来回答这些问题了。然后，你还可借助第 8 章的内容将训练完毕的深度学习模型提供给他人使用。

2.15　本章小结

- 在深度学习项目中,你需要作出两个基本的决定,也就是使用什么样的环境,以及要解决什么问题。
- 可选择本地系统来运行深度学习项目,也可选择功能完备的云端环境,如 Azure 或 AWS。介于两者之间的是专用于深度学习的环境,包括 Paperspace 和 Google Colab。
- Pandas 是用于处理表格数据集的标准 Python 库。如果你熟悉 SQL,就会发现 Pandas 可方便地完成之前你使用 SQL 完成的操作。
- 反对将深度学习应用于结构化数据的最主要意见之一认为深度学习太复杂。但是由于以深度学习为目标的环境的易访问性,更好的深度学习框架的出现,以及针对非专业人士的深度学习教育资源的增加,这一反对意见已经不像 5 年前那样重要了。
- 本书主示例的代码已经过精心设计,因此你可运行其子集,而不必执行前面的所有步骤。例如,你可直接进行深度学习模型训练,体验其中的乐趣。

第 *3* 章

准备数据 1：探索及
清理数据

本章涵盖如下内容：
- 在 Python 中使用配置文件
- 将 XLS 文件提取到 Pandas 数据帧中，并使用 pickle 保存数据帧
- 探索输入数据集
- 将数据分为连续型、分类型以及文本型
- 纠正数据集中的空白和错误
- 计算成功的深度学习项目需要多大的数据量

在本章中，你将学习如何将 XLS 文件中的表格结构化数据导入
Python 程序，以及如何使用 Python 中的 pickle 工具在 Python 会话
之间保存数据结构。你还将学习如何将结构化数据分为深度学习模
型所需的三种类型：连续性、分类型以及文本型。此外，你将学习

如何检测和处理数据集中的空白和错误，在将数据集应用到训练深度学习模型之前必须纠正这些空白和错误。最后，本章将教你如何评估给定数据集的大小是否适用于深度学习。

3.1　探索及清理数据的代码

复制与本书相关的 GitHub 库(http://mng.bz/v95x)之后，与探索和清理数据相关的代码就都存放在 notebooks 子目录之下了。下面的代码清单 3.1 展示了包含本章所述代码的文件。

代码清单 3.1　与探索和清理数据相关的代码

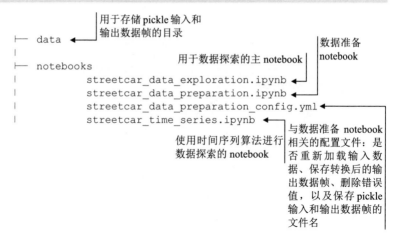

3.2　在 Python 中使用配置文件

清理数据集的主要代码包含在 streetcar_data_preparation.ipynb notebook 当中。该 notebook 附带的配置文件 streetcar_data_preparation_config.yml 用于设置主要参数。在探讨数据准备的代码之前，此处先研究一下在有轨电车延误预测示例中，如何使用该配置文件以及其他配置文件。

配置文件是 Python 程序之外的文件，你可在配置文件中设置参
数值。然后 Python 程序将读取配置文件，并将其中的值用作 Python
程序中的参数。通过配置文件，可将参数值的设置与 Python 代码分
开，以便此后更新参数值并重新运行代码，而不必对代码本身进行
修改。这种方法可降低因更新参数值而将错误引入代码的风险，并
使代码保持整洁。对于有轨电车延误预测示例，我们为所有主要的
Python 程序都提供了配置文件，如图 3.1 所示。

Python 程序	描述	配置文件	资料库中对应的目录
streetcar_data_preparation.ipynb	数据准备	streetcar_data_preparation_config.yml	notebooks
streetcar_model_training.ipynb	模型训练	streetcar_model_training_config.yml	notebooks
flask_server.py	Web 部署	deploy_web_config.yml	deploy_web
actions.py	Facebook Messenger 部署定制化动作	deploy_config.yml	deploy

图 3.1　有轨电车延误预测示例中使用的配置文件汇总

可将 Python 程序的配置文件定义为 JSON 格式(https://www.json.org/
json-en.html)或 YAML 格式(https://yaml.org)。本书中的有轨电车延误预
测示例采用了 YAML。下面的代码清单 3.2 显示了 streetcar_data_
preparationnotebook 使用的配置文件 streetcar_data_preparation_config.
yml 的内容。

代码清单 3.2　数据准备的配置文件 streetcar_data_preparation_config.yml

可按类别来组织配置文件。其中一类是
常规参数，另一类是文件名称

用于控制是否直接读取原始 XLS
文件的参数。如果该参数为 True，
则直接从原始的 XLS 文件中读取
数据集。如果为 False，则从 pickle
数据帧中读取数据集

```
general:
    load_from_scratch: False



    save_transformed_dataframe: False
```

用于控制是否将输出
数据帧保存到 pickle
文件的参数

load_from_scratch 设置为 False 时需要读取的
pickle 数据帧的文件名

   remove_bad_values: True ◄──── 用于控制是否在输出数据
   file_names: 帧中包含错误值的参数

   ▶ pickled_input_dataframe: 2014_2019_upto_june.pkl
    pickled_output_dataframe: 2014_2019_df_cleaned_remove_
bad_oct18.pkl ◄────────

      save_transformed_dataframe 为 True 时，
      要写入的 pickle 数据帧的文件名

  接下来的代码清单 3.3 则是 streetcar_data_preparation notebook
中的代码，该代码段读取配置文件，并根据配置文件中的设置来配
置参数。

代码清单 3.3　数据准备 notebook 中提取配置文件的相关代码

将配置字典中的值复制到程序
其余部分要使用的变量中

定义标准配置文件所在的路径。请注意，配
置文件的名称是一个需要在 Python 代码中
进行硬编码的参数。不过，这不应该成为问
题，因为配置文件的名称不应发生更改。此
外，这里使用了 os.path.join 将目录和文件
名合并成一个完整的路径。此函数的使用旨
在让路径名称平台独立

 获取该 notebook 所在的路径

```
└▶ current_path = os.getcwd()
   path_to_yaml = os.path.join(current_path,
       'streetcar_data_preparation_config.yml') ◄──────
   try:
       with open (path_to_yaml, 'r') as c_file:
           config = yaml.safe_load(c_file) ◄────  定义 Python 的字典
   except Exception as e:                          配置，其中包含配
       print('Error reading the config file')      置文件中的键/值对

└─▶ load_from_scratch = config['general']['load_from_scratch']
   save_transformed_dataframe = config['general']['save_
transformed_ dataframe']
   remove_bad_values = config['general']['remove_bad_values']
   pickled_input_dataframe = config['file_names']['pickled_
input_dataframe']
   pickled_output_dataframe = config['file_names']['pickled_
output_dataframe']
```

在本节中，你已了解为何要在有轨电车延误预测示例中将配置文件与主要的 Python 程序一起使用了。你对数据准备代码使用的配置文件也有了进一步的认识。在此示例中，配置文件的使用特别方便，因为此处正在使用 pickle 文件来保存临时结果。通过在配置文件中设置这些 pickle 文件中文件名的值，就可在不同的临时结果集上重新运行这些代码，而不必修改代码本身。

3.3　将 XLS 文件提取到 Pandas 数据帧中

第 2 章研究了有轨电车延误问题的输入数据集格式。本节将介绍如何使用 Python 将这个数据集提取到 Pandas 数据帧中。输入数据集由多个 XLS 文件构成。在起始阶段，先将单个 XLS 文件提取到 Pandas 数据帧中，如本章的 notebook 所示。

首先，需要安装相应的库以读取 Excel 文件：

```
!pip install xlrd
```

然后，需要获取 XLS 文件的元数据(选项卡的名称)，并在选项卡名称列表中进行迭代，从而将所有的选项卡都加载到同一个数据帧当中，如下面的代码清单 3.4 所示。

代码清单 3.4　遍历 XLS 文件中选项卡的代码

```
                       ┌── 返回 data 目录路
def get_path():    ◄───┤   径的函数
    rawpath = os.getcwd()
    path = os.path.abspath(os.path.join(rawpath, '..', 'data'))
┌─ 导入   return(path)
│ Pandas 库
└──► import pandas as pd
    path = get_path()                         ┌── 定义基础路
    file = "ttc-streetcar-delay-data-2014.xlsx" ◄──┤   径和文件名
```

加载 Excel 文件的元数据，然后将 XLS
文件的第一个 sheet 加载到数据帧中

```
xlsf = pd.ExcelFile(os.path.join(path,file))
df = pd.read_excel(os.path.join(path,file),sheet_name=xlsf.
sheet_names[0])
    for sheet_name in xlsf.sheet_names[1:]:
        print("sheet_name",sheet_name)
        data = pd.read_excel(os.path.join(path,file),sheet_
            name=sheet_name)
        df = df.append(data)
```

将当前的 sheet 加
载到数据帧中

将此数据帧追加
到聚合数据帧

遍历 XLS 文件其余的 sheet，
将其内容追加到数据帧中

输出显示以第二个选项卡名称为开头的选项卡列表(第一个在
for 之前已经加载)：

```
sheet_name Feb 2014
sheet_name Mar 2014
sheet_name Apr 2014
sheet_name May 2014
sheet_name Jun 2014
sheet_name July 2014
sheet_name Aug 2014
sheet_name Sept 2014
sheet_name Oct 2014
sheet_name Nov 2014
sheet_name Dec 2014
```

利用输入的 XLS 文件创建数据帧之后，你会在 head()输出中看
到该数据帧包含一些意料之外的列(如图 3.2 所示)。

	Day	Delay	Direction	Gap	Incident	Incident ID	Location	Min Delay	Min Gap	Report Date	Route	Time	Vehicle
0	Thursday	NaN	E/B	NaN	Late Leaving Garage	NaN	Dundas and Roncesvalles	4.0	8.0	2014-01-02	505	06:31:00	4018.0
1	Thursday	NaN	E/B	NaN	Utilized Off Route	NaN	King and Shaw	20.0	22.0	2014-01-02	504	12:43:00	4128.0
2	Thursday	NaN	W/B	NaN	Held By	NaN	Kingston road and Bingham	13.0	19.0	2014-01-02	501	14:01:00	4016.0
3	Thursday	NaN	W/B	NaN	Investigation	NaN	King St. and Roncesvalles Ave.	7.0	11.0	2014-01-02	504	14:22:00	4175.0
4	Thursday	NaN	E/B	NaN	Utilized Off Route	NaN	King and Bathurst	3.0	6.0	2014-01-02	504	16:42:00	4080.0

图 3.2　加载的数据帧包含一些意料之外的列

除了预期的最小延迟(Min Delay)和最小间隔(Min Gap)列之外，还有意料之外的延迟(Delay)和间隔(Gap)列，以及事件 ID(Incident ID)列。事实表明，源数据集在 2019XLS 文件的 April 和 June 选项卡中出现了一些异常，如图 3.3 所示。2019XLS 文件的 April 选项卡中，存在着名为 Delay 和 Gap 的列(而不是 Min Delay 和 Min Gap，原始数据集中其他选项卡则都一样)，以及 Incident ID 列。2019XLS 文件的 June 选项卡则有着另外的问题：除了 Min Delay 和 Min Gap 列，它还包含 Delay 和 Gap 列。

Report Date	Route	Time	Day	Location	Incident ID	Incident	Delay	Gap	Direction	Vehicle
01-Apr-19	512	4:26:00 AM	Monday	Roncesvalles Yard.		1 Mechanical	10	20	E/B	4460

Report Date	Route	Time	Day	Location		Incident		Delay	Gap	Direction	Vehicle
01-Jun-19	501	12:27:00 AM	Saturday	Queen and Bay		Held By		16	21	W/B	4474

图 3.3　2019 XLS 文件的 April 和 June 选项卡中的异常

这些异常列出现在 2019 XLS 文件的两个选项卡之中，因此如果你要读取完整的数据集(包含 2019 年的 XLS 文件)，那么整个数据帧也将获得这些异常列。数据准备 notebook 包含代码清单 3.5 中的如下代码，它通过复制所需的数据以及删除异常列来处理这一问题。

代码清单 3.5　纠正异常列的代码

如果 Min Delay 或者 Min Gap 列中存在 NaN，则复制 Delay 或者 Gap 列中的值

```python
def fix_anomalous_columns(df):
    df['Min Delay'].fillna(df['Delay'], inplace=True)
    df['Min Gap'].fillna(df['Gap'], inplace=True)
    del df['Delay']
    del df['Gap']
    del df['Incident ID']
    return(df)
```

从 Delay 和 Gap 列中复制了有价值的值后，删除 Delay 和 Gap 列

移除 Incident ID 列，其为异常列

返回更新后的数据帧

清理之后，需要查看 head()的输出结果以确保异常列已经被清除，并且数据帧包含了所有预期的列(如图 3.4 所示)。

	Report Date	Route	Time	Day	Location	Incident	Min Delay	Min Gap	Direction	Vehicle
0	2014-01-02	505	06:31:00	Thursday	Dundas and Roncesvalles	Late Leaving Garage	4.0	8.0	E/B	4018.0
1	2014-01-02	504	12:43:00	Thursday	King and Shaw	Utilized Off Route	20.0	22.0	E/B	4128.0
2	2014-01-02	501	14:01:00	Thursday	Kingston road and Bingham	Held By	13.0	19.0	W/B	4016.0
3	2014-01-02	504	14:22:00	Thursday	King St. and Roncesvalles Ave.	Investigation	7.0	11.0	W/B	4175.0
4	2014-01-02	504	16:42:00	Thursday	King and Bathurst	Utilized Off Route	3.0	6.0	E/B	4080.0

图 3.4　数据帧的头几行数据包含了输入 XLS 文件的所有选项卡

使用 tail()函数来确认数据帧的结尾部分是否也与预期的一样(如图 3.5 所示)。

	Report Date	Route	Time	Day	Location	Incident	Min Delay	Min Gap	Direction	Vehicle
869	2014-12-31	509	22:30:00	Wednesday	Union Loop to Exhibition Loop	General Delay	10.0	20.0	B/W	NaN
870	2014-12-31	504	22:54:00	Wednesday	King and Dunn	Emergency Services	11.0	16.0	E/B	4128.0
871	2014-12-31	505	23:00:00	Wednesday	Dundas West Station to Broadview Station	General Delay	10.0	12.0	B/W	NaN
872	2014-12-31	511	23:01:00	Wednesday	CNE	Mechanical	8.0	16.0	N/B	4160.0
873	2014-12-31	504	23:18:00	Wednesday	King and Bathurst	Mechanical	7.0	14.0	E/B	4128.0

图 3.5　数据帧的结尾部分包含了输入 XLS 文件的所有选项卡

我们要从有轨电车源数据集的这些异常当中吸取一些重要的教训。对于真实世界的数据集，需要准备好灵活应对数据集中存在的各种问题。在我撰写本书时，本节当中介绍的异常情况已经出现在了数据集当中，因此我们需要准备好更新数据准备代码，以处理这些异常情况。同样，在处理不受控的数据集时，你得能坦然处理其中的意外情况。

本节已教你如何加载单个 XLS 文件，下面将介绍如何把多个 XLS 文件中的数据导入单个 Pandas 数据帧，以提取整个输入数据集。

本节中的代码示例来自 streetcar_data_preparation notebook。该 notebook 假定你将所有的 XLS 文件都从原始的数据集(http://mng.bz/ry6y)复制到了名为 data 的目录之下，且该目录与包含 notebook 的目录为同级目录。

有轨电车数据准备 notebook 中的代码使用了两个函数将多个 XLS 文件的数据提取到单个数据帧中。首先将第一个文件的第一个

选项卡加载到数据帧中，然后调用 load_xls 函数来加载第一个文件
的其余选项卡和所有其他 XLS 文件的选项卡。reloader 函数则可用来
启动该数据加载过程。下面的代码清单 3.6 中的代码假定 data 目录中
的 XLS 文件正是构成输入数据集的 XLS 文件。

代码清单 3.6　提取 XLS 文件的代码

将所有 XLS 文件的选项卡加载到 XLS 文件列
表中，并去除包含第一个数据帧的选项卡

```
def load_xls(path, files_xls, firstfile, firstsheet, df):
    '''
    load all the tabs of all the XLS files in a list of XLS files, minus
tab that has seeded dataframe

    Parameters:
    path: directory containing the XLS files
    files_xls: list of XLS files
    firstfile: file whose first tab has been preloaded
    firstsheet: first tab of the file that has been preloaded
    df: Pandas dataframe that has been preloaded with the first tab

of the first XLS file and is loaded with all the data
when the function returns

    Returns:
    df: updated dataframe

    '''
    for f in files_xls:                          遍历目录中所有
        print("filename",f)                       的 XLS 文件
        xlsf = pd.ExcelFile(path+f)
        for sheet_name in xlsf.sheet_names:      遍历当前 XLS 文
            print("sheet_name",sheet_name)        件中所有的 sheet
            if (f != firstfile) or (sheet_name != firstsheet):
                print("sheet_name in loop",sheet_name)
                data = pd.read_excel(path+f,sheetname=sheet_name)
```

```
        df = df.append(data)
    return (df)
```
将当前 sheet 的数据帧
追加到整个数据帧

下面的代码清单 3.7 显示了 reloader 函数，该函数将调用 load_xls 函数，以提取所有的 XLS 文件，并将其结果保存在 pickle 数据帧中。

代码清单 3.7　提取多个 XLS 文件并将其结果保存在 pickle 数据帧中

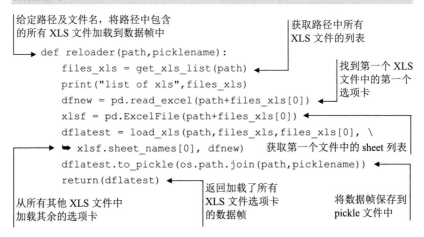

给定路径及文件名，将路径中包含
的所有 XLS 文件加载到数据帧中

获取路径中所有
XLS 文件的列表

找到第一个 XLS
文件中的第一个
选项卡

```
def reloader(path,picklename):
    files_xls = get_xls_list(path)
    print("list of xls",files_xls)
    dfnew = pd.read_excel(path+files_xls[0])
    xlsf = pd.ExcelFile(path+files_xls[0])
    dflatest = load_xls(path,files_xls,files_xls[0], \
        xlsf.sheet_names[0], dfnew)
    dflatest.to_pickle(os.path.join(path,picklename))
    return(dflatest)
```

获取第一个文件中的 sheet 列表

返回加载了所有
XLS 文件选项卡
的数据帧

将数据帧保存到
pickle 文件中

从所有其他 XLS 文件中
加载其余的选项卡

如何获取正确的路径(目录)值，以复制构成数据集的 XLS 文件？本代码假定所有数据都存储在名为 data 的目录下，该目录与包含 notebook 的目录同级。接下来的代码清单 3.8 就是第 2 章中介绍的代码段，利用它可获取存有 XLS 文件目录的正确路径，并获取当前目录 (notebook 所在的目录)以及 data 目录(二者为同级目录)的路径。

代码清单 3.8　获取 data 目录正确路径的代码

获取 notebook
所在的目录

```
rawpath = os.getcwd()
print("raw path is",rawpath)
```

```
path = os.path.abspath(os.path.join(rawpath, '..', 'data'))
print("path is", path)
```

获取 data 目录的标准路径，其与 notebook 所在目录同级

3.4　使用 pickle 将 Pandas 数据帧从一个会话保存到另一个会话中

在 notebook 会话的整个生命周期中，始终都存在一个 Pandas 数据帧。这一点颇为重要，尤其是在使用 Paperspace 之类的云端环境时。关闭 notebook(无论是显式关闭还是直接关闭云端会话)时，会话期间创建的数据帧将丢失。然后下次你就得从头开始重新加载数据。如果希望 Pandas 数据帧在会话之间保持不变，或者不想每次都从头开始，又或者想在两个 notebook 之间共享数据帧，则应该如何处理？

对于中等大小的数据集，若想在会话关闭时保存数据帧，可使用 pickle。这个极其有用的 Python 标准库能将 Python 对象(包括 Pandas 数据帧)另存为文件系统中的文件，以便你以后将其读回 Python。在详细介绍如何使用 pickle 之前我需要承认，并不是每个人都喜欢 pickle。例如，本·弗雷德里克森认为，pickle 的效率不如 JSON 之类的序列化方法。而且，如果你对某些来源未知的文件进行反序列化操作的话，则可能会面临一些安全上的问题(https://www.benfrederickson.com/dont-pickle-your-data)。此外，pickle 并不是适用于所有的场景。比如，如果你想在编程语言(pickle 只能用于 Python 语言)之间，或者在不同级别的 Python 之间共享序列化对象，则不建议使用 pickle。如果你在某一级别的 Python 中 pickle 了一个对象，然后尝试将其引入在另一 Python 级别运行的代码中，就会遇到问题。但是就本书所描述的示例而言，建议你使用 pickle，因为它简化了序列化的过程，并且这里所有的 pickle 文件来源都是已知的。

假设你想使用公共的 Iris 数据集，而不是将其复制到本地文件

系统中，而你恰好在一个 Internet 连接不可靠的环境中工作。并且，对于本示例，假设你使用的是本地安装的机器学习框架，如安装在本地系统中的 Jupyter notebook，那么可在脱机环境下使用 notebook。你可能希望能在连接到 Internet 时加载数据帧，然后将该数据帧保存到本地文件系统，以便对其进行重新加载，并在脱机时继续工作。

首先，将 Iris 数据集加载到数据帧中，如第 2 章(见代码清单 3.9)所述，相关代码如下。

代码清单 3.9　使用 URL 链接来提取 CSV 文件的相关代码

```
url="https://gist.githubusercontent.com/curran/a08a1080b883
44b0c8a7/\                                  Iris 数据集的原始 GitHub URL
➥ raw/d546eaee765268bf2f487608c537c05e22e4b221/iris.csv"
iris_dataframe=pd.read_csv(url)          将 URL 的内容读取到
                                         Pandas 数据帧中
```

接下来，调用 to_pickle()方法将数据帧保存到文件系统的文件中，如下面的代码清单 3.10 所示。按惯例，pickle 文件的扩展名为 pkl。

代码清单 3.10　将数据帧保存为 pickle 文件的代码

```
file = "iris_dataframe.pkl"          为 pickle 文件定义文件名
iris_dataframe.to_pickle(os.path.join(path,file))
将数据帧写入已命名的 pickle 文件
```

现在，如果你在没有互联网的飞机上且想要继续使用该数据集，你只需要调用 read_pickle 方法，其中含有被保存为参数的 pickle 文件，如下面的代码清单 3.11 所示。

代码清单 3.11　将 pickle 文件读入数据帧的代码

```
file = "iris_dataframe.pkl"
iris_dataframe_from_pickle = pd.read_pickle(os.path.join
(path,file))
iris_dataframe_from_pickle.head()     调用 read_pickle 函数，将
                                      pickle 文件读入数据帧
```

head()的输出结果表明，你不必访问源数据集即可将数据加载到数据帧中(如图 3.6 所示)。

	sepal_length	sepal_width	petal_length	petal_width	species
0	5.1	3.5	1.4	0.2	setosa
1	4.9	3.0	1.4	0.2	setosa
2	4.7	3.2	1.3	0.2	setosa
3	4.6	3.1	1.5	0.2	setosa
4	5.0	3.6	1.4	0.2	setosa

图 3.6　对保存在 pickle 文件中的数据帧进行反序列化所得的结果

图 3.7 总结了数据从原始的源数据集(CSV 文件)到 Pandas 数据帧，再到 pickle 文件，最终又回到 Pandas 数据帧的整个流程。

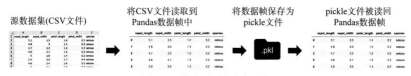

图 3.7　数据集的生命周期

如果你有一个庞大的数据集，并且需要花费一些时间将其从外部数据源加载到数据帧中，那么 pickle 操作就极有价值。对于大型数据集而言，将 pickle 文件加载到数据帧的速度，要比从外部数据源重新加载数据快得多。

3.5　探索数据

现在，本章已描述了如何将完整的输入数据集提取到 Pandas 数据帧中，以及如何使该数据集在不同的会话之间保持不变。接下来我们需要探索数据以了解其特征。利用 Python 中提供的一些工具来使数据可视化，以便探索数据，查找其中存在的模式和异常，这些信息通常有助于我们为后继流程作出更好的选择。可在 streetcar_data_ exploration 和 streetcar_time_series 两个 notebook 中找到与本节相关的代码。

首先，在原始数据帧上使用 describe()(如图 3.8 所示)。

	Route	Min Delay	Min Gap	Vehicle
count	69603.000000	69549.000000	69528.000000	65142.000000
mean	501.186070	12.697523	18.147480	4388.337923
std	43.712495	29.781860	33.623384	1539.555810
min	1.000000	0.000000	0.000000	0.000000
25%	501.000000	5.000000	9.000000	4075.000000
50%	505.000000	6.000000	12.000000	4161.000000
75%	509.000000	12.000000	20.000000	4246.000000
max	999.000000	1400.000000	4216.000000	163242.000000

图 3.8　describe()的输出结果

一些注意事项如下：

- 路线(Route)和车辆(Vehicle)被理解为连续型数值，我们需要对二者的类型进行更正。
- 最大延迟为 23 小时，最大间隔为 72 小时。这两个值看起来是错误的。需要检查一下记录，确认它们是否错误。
- 平均延迟为 12 分钟，平均间隔为 18 分钟。

通过使用 sample()来抽取数据集的随机样本，可得到如图 3.9 所示的输出结果。

	Report Date	Route	Time	Day	Location	Incident	Min Delay	Min Gap	Direction	Vehicle
307	2016-09-09	504	16:55:00	Friday	King and Roncesvalles	Held By	51.0	56.0	W/B	4166.0
488	2014-06-13	501	16:02:00	Friday	Gerrard and Greenwood	Utilized Off Route	11.0	17.0	W/B	4246.0
1654	2017-12-31	506	01:45:00	Sunday	Gerrard and Broadview	Investigation	10.0	20.0	E/B	4135.0
84	2015-09-02	501	22:43:00	Wednesday	Queen and Ohara	Mechanical	6.0	12.0	W/B	4230.0
1030	2015-01-26	504	10:21:00	Monday	King and Sherbourne	Mechanical	12.0	16.0	W/B	4074.0
367	2015-03-10	510	17:07:00	Tuesday	Spadina and Queen	Utilized Off Route	3.0	6.0	N/B	4173.0
877	2014-05-29	501	10:45:00	Thursday	Queen at Coxwell	Emergency Services	0.0	0.0	E/B	4226.0
168	2017-11-06	506	07:33:00	Monday	High Park Loop	Utilized Off Route	16.0	21.0	E/B	4032.0
833	2015-10-29	504	06:49:00	Thursday	Roncesvalles& Queen	Mechanical	4.0	8.0	W/B	NaN
345	2018-01-05	504	13:46:00	Friday	Dufferin and King	Mechanical	2.0	5.0	W/B	4133.0

图 3.9　原始输入数据帧的 sample()输出结果

这样的输出能说明什么？

- 某些事件没有导致任何的延迟和间隔(均为 0)，本应记录延误情况的数据集不应如此。需要检查这些记录，并确定这些情况是故意的，还是错误的。
- 位置列中数值的连接词没有保持一致：at、and 以及&均出现在当前的随机样本之中。
- 事件列可能会被用来进行分类。应统计该列中唯一值的数量，以确定将其用作分类列是否有意义。

查看一下事件(Incident)列中唯一值的数量，你将发现，将其用作分类列的话，其唯一值的数量足够少：

```
print("incident count",df['Incident'].nunique())
incident count 9
```

这就证明，事件列应该被视为分类型数据列，而不是自由格式的文本列。

接下来计算一下一个给定事件中的值比另外一个值大的次数，从而探讨下面的代码清单 3.12 中最小延迟和最小间隔的相对大小。

代码清单 3.12　计算最小延迟大于或者小于最小间隔的次数

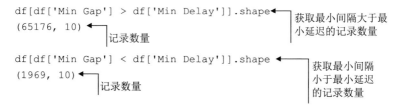

```
df[df['Min Gap'] > df['Min Delay']].shape    获取最小间隔大于最
(65176, 10)                                   小延迟的记录数量
         记录数量
df[df['Min Gap'] < df['Min Delay']].shape    获取最小间隔
(1969, 10)                                    小于最小延迟
         记录数量                              的记录数量
```

上述结果表明，对于给定的事件，最小间隔往往比最小延迟要大。但是在大约 3%的情况下，最小延迟时间更长。这不是预期的情况，需要检查一下相应的记录，确定它们是否存在错误。

接下来看一下图 3.10，它按照月份对事件进行了聚类处理。你可在 streetcar_time _series notebook 中找到生成该图表的代码。图中的每一个点都代表了给定年份中一个月内的事件总数。这些垂直的点非常紧密，意味着每年的事件数量变化不大。

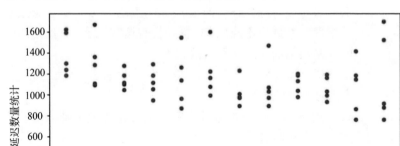

图 3.10　按月份分类的延误事件

下面的代码清单 3.13 显示了生成上述图表的代码。

代码清单 3.13　按月份生成延误事件图的代码

```
dfmonthav.plot.scatter(x = 'Month', y = 'Delay Count')
plt.show()
```
对图进行渲染

在 x 轴上绘制一年中的月份，
在 y 轴上绘制延误计数

该图表明了什么？

- 与其他月份相比，每年 3 月、4 月、9 月和 10 月(可能还有 7 月)的事件数量变化不大。
- 每年 1 月、2 月和 12 月，事件数量的浮动范围最大。

我们可从这些观察中得出什么结论吗？可能在极端气温频繁出现的月份，延误事件更多。在天气不可预测的月份中，事件的数量变化可能会更大。这两个结论都是合理的，但都不太确定。需要使用数据来获得结论。天气可能是造成延误的因素之一，但是要注意，不要在没有数据支撑的情况下作出结论。第 9 章将探讨将天气用作有轨电车预测模型的附加数据源。上述的每月延误事件图表明，这里的探索可能是有价值的。

现在来看看延迟持续情况的滚动平均值。该图中每个月的数据均为前 6 个月延迟持续时间的平均值(参见图 3.11)。

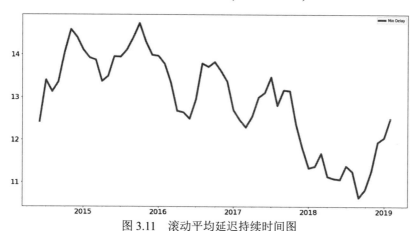

图 3.11 滚动平均延迟持续时间图

下面的代码清单 3.14 用于生成上述图形。

代码清单 3.14 生成滚动平均延迟持续图的代码

```
mean_delay = dfmonthav[['Min Delay']]
mean_delay.rolling(6).mean().plot(figsize=(20,10), linewidth=5,
fontsize=20)
plt.show()
```

对图进行渲染

绘制延迟持续时间的 6 个月滚动平均值，并按月份绘制数据点

图 3.11 表明，从总体上看，事件造成的延迟时间越来越短，但 2019 年又呈现出上升趋势。

Python 提供了许多可用来探索数据集的选项。本节显示了其中较有用的一部分，以及对数据集进行探索之后可能要采取的措施。

图 3.12 显示了 2015—2019 年滚动平均延误事件计数。

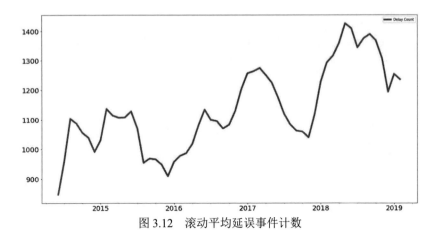

图 3.12　滚动平均延误事件计数

下面的代码清单 3.15 就是生成图 3.12 的代码。

代码清单 3.15　生成滚动平均延迟事件计数图

```
count_delay = dfmonthav[['Delay Count']]
count_delay.rolling(6).mean().plot(figsize=(20,10), \
linewidth=5, fontsize=20)    ◄───  用每个月的数据来绘制 6 个月
plt.show()  ◄──┐                    延迟计数的滚动平均值
               └─ 对图进行渲染
```

图 3.12 表明，延迟数量呈增长趋势，这与延迟持续时间的趋势
正好相反。

3.6　将数据分为连续型、分类型以及文本型

现在，我们完成了对数据的探索，接下来，该对数据集中的列
进行分类了。本书中描述的方法将把输入列分为三类。

● *连续型*——数字，可进行计算的值。连续型的值，可以是温
度、货币值、时间跨度(如过去了多少个小时)，以及对象和
活动的计数等。

● *分类型*——可以是单个的字符串，如星期几，也可以是构成

标识符的一个或者多个字符串的集合，如美国各州的名称。
分类型数据列中不同值的个数，从两个到几千个不等。

- *文本型*——字符串的集合。

这样的分类操作非常重要，原因有如下两点。

- 像其他机器学习算法一样，深度学习算法也可处理数值。最终导入深度学习模型的数据流需要完全由数值组成，因此所有的非数值型数据都需要转换为数值。对数据进行分类，就可了解是否需要对某些列进行这样的转换，以及如果需要转换的话，需要何种转换。

- 如第 5 章所述，深度学习模型的各个层是根据输入列的类别自动构建的。每种类型的列(连续型、分类型以及文本型)都会生成具有不同特征的层。通过对输入列进行分类，就可使用 streetcar_model_training notebook 中的代码来自动构建深度学习模型。这意味着，如果你在数据集中添加或者删除了某些列，那么模型在重新运行时将自动更新 notebook。

图 3.13 显示了如何对输入的有轨电车延误数据集的列进行分类。

		分类型		分类型		文本型	连续型		分类型	
	Report Date	Route	Time	Day	Location	Incident	Min Delay	Min Gap	Direction	Vehicle
0	2014-01-02	505	06:31:00	Thursday	Dundas and Roncesvalles	Late Leaving Garage	4.0	8.0	E/B	4018.0
1	2014-01-02	504	12:43:00	Thursday	King and Shaw	Utilized Off Route	20.0	22.0	E/B	4128.0
2	2014-01-02	501	14:01:00	Thursday	Kingston road and Bingham	Held By	13.0	19.0	W/B	4016.0
3	2014-01-02	504	14:22:00	Thursday	King St. and Roncesvalles Ave.	Investigation	7.0	11.0	W/B	4175.0
4	2014-01-02	504	16:42:00	Thursday	King and Bathurst	Utilized Off Route	3.0	6.0	E/B	4080.0

图 3.13　对本书主示例中输入数据集的列进行分类

下面描述一下对每列进行的分类。

- 最小延迟和最小间隔是流失时间的度量，因此为连续型列。
- 事件是分类型列，描述导致服务中断的原因，有 9 个有效值。
- 路线是分类型列，有 12 个有效值。
- 日是包含 7 个有效值的分类型列。
- 位置是一个分类型列，不过输入数据时它是自由格式的字段。该列需要进行预处理才能将大量的潜在值映射到包含较少唯一值的集合上。第 4 章将探讨把这些位置信息字符串映射到严格定义的经度和纬度上时会带来的利弊。

- 方向是包含 5 个有效值的分类型列：4 个方位点，以及 1 个指示多个方向的值。
- 车辆是一个分类型列，但它导入数据帧时的初始值看起来像浮点数。该列中的值实际上是 300 辆左右的有轨电车的标识符，由 4 个字符构成。第 4 章将介绍如何处理数据的实际类型与 Python 分配的类型不匹配的问题。

那么，时间类型的列(如报告日期和时间)又该如何处理呢？第 5 章将介绍一种把类似的列解析为新的分类型列的方法，这些列可识别事件中最为有趣的各种时间维度：年、月、月中的某一天以及小时。

请注意，在某些情况下，一列也可能属于多个类别。例如，根据业务问题的具体要求，包含时间戳的列可被视为连续型的或分类型的。好消息是，本书中介绍的方法足够灵活，因此你可为列选择不同的类型，并在干扰最小的情况下重新训练模型。

3.7　清理数据集中存在的问题：数据丢失、错误以及猜测

有轨电车延误问题这一示例很好地说明了将深度学习技术应用于表格结构化数据时会遇到的各种情况，因为输入的数据集杂乱无章，有很多值缺失、无效，或者无关紧要。我们想通过深度学习来解决的很多现实问题都会涉及类似的混乱数据集。因此，如果想利用深度学习来解决与表格结构化数据相关的现实问题，你就需要学会清理混乱的数据。

基于种种原因，我们需要清理数据集中存在的如下问题。

- 需要处理缺失值。因为包含缺失值的数据集无法使用深度学习模型。

- 需要处理无效值。因为，第7章将谈到，在包含无效值的数据集上训练深度学习模型，将会降低模型的性能。
- 需要处理无关的值。现实世界中的同一个特征可能会有多种描述方式(例如方向为东，可表示为 E/B、e/b 以及 eb)，这种情况需要处理。因为若把这些不同的描述带入模型训练过程中，这样只会增加复杂度，而不会带来额外的信号或者特征。

下面列出了完成清理操作之后，数据集应该具有的一些特征。

- *所有值均为数字*。机器学习算法要求所有输入的值都必须是数字型的。需要替换缺失的值，并使用数字标识符替换非数字值(如分类列或者文本列中的值)。
- *识别和清除包含无效值的记录*。清除无效值(如有轨电车网络地理区域之外的位置，或者非有效的车辆ID等)，旨在防止使用无法反映真实情况的数据集来训练模型。
- *识别并清除无关的类别*。众所周知，方向列应该只有5个有效值(4个方位点和1个用于指示两个方向的标识符)。所有记录使用的类别需要保持一致。

首先看一下每列中缺失的值。深度学习模型只适用于数字输入。因此，用于训练深度学习模型的所有值都必须是数字。原因是，用于训练深度学习模型的数据需要重复第1章中描述的过程：乘上权重，加上偏移量，然后再应用激活函数。这些操作均无法处理缺失值、字符值，或其他非数字的内容，因此处理缺失值是清理数据集的基本操作。

如何判断哪些列中有值缺失，以及每列中有多少行缺失了值？下面给出了一个简单的语句，其输出即为每列中缺失值的数量。

```
df.isnull().sum(axis = 0)
Report Date      0
Route            0
Time             0
Day              0
Location         270
Incident         0
```

```
Min Delay        58
Min Gap          77
Direction        232
Vehicle          0
```

该输出结果表明，位置、最小延迟、最小间隔以及方向列都包含需要处理的缺失值。fill_missing 函数可遍历数据帧中的所有列，并根据列的类别将空值替换为占位符，如下面的代码清单 3.16 所示。

代码清单 3.16　使用占位符替换缺失值的代码

```
def fill_missing(dataset):          ←──── 根据列的类别来
    print("before mv")                     填充缺失值
    for col in collist:
        dataset[col].fillna(value="missing", inplace=True)
    for col in continuouscols:
        dataset[col].fillna(value=0.0,inplace=True)    ←──
    for col in textcols:
        dataset[col].fillna(value="missing", inplace=True)
    return (dataset)
```

这里使用零来填充连续型列中的缺失值。但是，对于某些列而言，可能填充平均值更为合适

如果以加载输入数据集的数据帧作为参数来调用此函数：

```
df = fill_missing(df)
```

然后重新运行上述语句来计算各列中的空值数量，则可看到所有的缺失值都已处理完毕：

```
df.isnull().sum(axis = 0)
Report Date      0
Route            0
Time             0
Day              0
Location         0
Incident         0
Min Delay        0
Min Gap          0
Direction        0
Vehicle          0
```

现在，缺失值已经处理完毕，接下来我们深入研究一下方向列中的数据处理。

方向列用于表明给定记录中哪个方向的交通会受到事件的影响。根据数据集附带的自述文件(readme)，方向列包含 7 个有效值。

- B、b 或者 BW 用于指示影响双向交通的事件。处理该列中的值时，将使用单个值来指示两个方向。
- NB、SB、EB 和 WB 用于指示影响单个方向(北、南、东和西)交通的事件。

现在，在加载输入数据的数据帧中查看一下方向列中唯一值的实际数量：

```
print("unique directions before cleanup:",df['Direction'].
nunique())
unique directions before cleanup: 95
```

怎么回事？明明只有 7 个合法值的列，怎么会有 95 个不同的值？现在看一下方向列的 value_counts 输出，以便了解这些唯一值的出处：

```
df['Direction'].value_counts()
W/B              32466
E/B              32343
N/B               6006
B/W               5747
S/B               5679
missing            232
EB                 213
eb                 173
WB                 149
wb                 120
SB                  20
nb                  18
NB                  18
sb                  14
EW                  13
eastbound            8
```

bw	7
5	7
w/b	7
w	6
BW	4
8	4
ew	4
E	4
w/B	4
s	4
2	4
W	3
b/w	3
10	3
	...
e/w	1

如你所见，方向列中的 95 个值来自冗余的描述和错误的组合方式。要纠正这些问题，需要做到以下几点。

- 对该列中的所有值使用一致的大小写，以避免 EB 和 eb 之类的数据被视作不同的值。
- 从该列中移除所有的"/"，以避免 wb 和 w/b 被视作不同的值。
- 进行如下替换，以消除一些多余的描述：
  - 用 e 替换 eb 和 eastbound
  - 用 w 替换 wb 和 westbound
  - 用 n 替换 nb 和 northbound
  - 用 s 替换 sb 和 southbound
  - 用 b 替换 bw
- 将所有剩余的值(包括为缺失值进行的填充)都替换为单个标记——bad direction，以标记无法映射到任何有效方向的值。

这里将代码清单 3.17 中的 direction_cleanup 函数应用于方向列，以便进行上述更改。

代码清单 3.17　清理方向列中数据的代码

```
def check_direction (x):
    if x in valid_directions:
        return(x)
    else:
        return("bad direction")

def direction_cleanup(df):
    print("Direction count pre cleanup",df['Direction'].nunique())
    df['Direction'] = df['Direction'].str.lower()
    df['Direction'] = df['Direction'].str.replace('/','')
    df['Direction'] =
      df['Direction'].replace({'eastbound':'e','westbound':'w', \
      'southbound':'s','northbound':'n'})
    df['Direction'] = df['Direction'].replace('b','',regex=True)
    df['Direction'] = df['Direction'].apply(lambda x:check_
direction(x))
    print("Direction count post cleanup",df['Direction'].nunique())
    return(df)
```

该函数使用公共字符串来替换无效的方向值

清理方向值的函数

从所有值中删除"/"

将所有值小写

从 eb 和 nb 之类的值中删除无关的字符 b

调用 check_direction 以使用公共字符串来替换所有剩余的无效值

用单个字母来标记东、西等方向

接下来看一下上述代码的效果：

```
Unique directions before cleanup: 95
Unique directions after cleanup: 6
```

现在方向列中唯一值的数量情况如下：

```
w            32757
e            32747
n             6045
b             5763
s             5719
```

```
bad direction        334
```

请注意，现在只有 6 个有效值，而不是自述文件中提到的 7 个有效值。此处将三个双向标记(B、b 和 BW)都映射为 b，并对那些错误的方向值添加了新的标记 bad direction。对于将在第 5 章中描述的重构输入数据集的操作，类似的清理是必不可少的，以获得针对不同路线/方向/时隙等组合而成的数据集。这种重构要求任何线路上最多有 5 个方向，因为方向列中的值被清理过了，所以满足条件。

当然，方向列只是需要清理的列之一。与其他列相比，方向列清理起来相对比较简单，因为它包含的有效值较少，所以你可以轻构地将输入值转换为有效值的集合。第 4 章将对其他列进行更为复杂的清理操作。

3.8　确定深度学习需要多少数据

如果你天真地以为通过搜索就能找到训练深度学习模型所需的数据量的话，那你显然不会得到满意的答案。因为答案都是"取决于"。一些著名的深度学习模型已针对上百万个示例进行了训练。一般来说，与线性回归等线性方法相比，像深度学习这样的非线性方法往往需要更多的数据才能获得想要的结果。和其他机器学习算法一样，深度学习也需要训练数据集，该数据集要涵盖部署模型时可能遇到的所有输入组合情况。在有轨电车延误预测这一问题上，需要确保训练数据集包含了用户可能希望预测的所有有轨电车运行路线的记录。例如，如果将新的有轨电车路线添加到系统中，那么需要使用包含该路线延误信息的数据集来重新训练模型。

对于我们而言，真正的问题并不是一个很宽泛的问题——深度学习模型需要多少数据来训练？而是，有轨电车数据集中的数据量是否足以进行有效的深度学习？但从根本上说，该问题的答案取决于模型的性能表现。并且，在这一观察中也可得到一个教训，即深度学习模型所需的数据量取决于模型训练后的性能表现。如果你有一个包含成千上万条记录的数据集(如有轨电车数据集)，那么它既不会太小(太小则无法进行深度学习训练)，也不会太大，以保证数据量满足需求。确切了解深度学习是否适用于你所面临的问题的唯一方法，就是尝试一下，看看模型的性能如何。第 6 章将谈到，对于有轨电车延误预测模型，我们将测量模型的准确度(即模型对训练过程中未遇到的行程延误进行预测的准确程度)以及其他和用户体验相关的指标。好消息是，读完本书之后，你将拥有评估表格结构化数据集上深度学习模型性能所需的全部工具。

第 6 章将详细介绍模型的准确度，但现在我们有必要先简单反思一下准确度的问题。有轨电车预测模型的准确度需要达到多高才行？对于这个问题，准确度其实只要高于 70%就行了，因为这足以使大部分乘客都能避免长时间的延误了。

3.9　本章小结

- 深度学习项目的基本步骤之一就是提取原始数据集，以便在代码中对其进行处理。提取数据之后，可对其进行探索，并开始清理。

- 可将配置文件与 Python 程序结合使用，从而保证参数能被统一管理，并且不必修改 Python 代码即可更新参数。

- 可通过调用单个函数将 CSV 文件中的数据加载到 Pandas 数据帧中。此外，使用简单的 Python 函数也可将 XLS 文件或多个 XLS 文件中所有的选项卡提取到数据帧中。

- Python 提供的 pickle 工具是一种将对象保存在 Python 程序中的简单方法，可在 Python 会话中使用它。如果你的一段 Python 程序需要对一个数据集进行一系列的转换操作，那么可使用 pickle 来处理转换后的数据帧，然后就可在另外一段 Python 程序中直接读取这个 pickle 数据帧了。你可继续对该数据集进行处理，而不必重新执行转换操作。

- 将数据集提取到数据帧中后，Python 也提供了许多方便的功能，以便你浏览和探索数据集，并确定每列中值的类型、范围以及列中值的趋势。这样的探索能帮助你检测数据集中的异常情况，并避免对数据进行各种无根据的假设和推断。
- 在清理数据集以准备训练深度学习模型时，需要解决的问题包括缺失值、无效值以及描述不统一的值(例如，使用 e、e/b 以及 EB 来表示东向)等。
- 对于"训练深度学习模型需要多少数据"这个问题，其答案是，"需要有足够的数据来训练模型，使其能满足性能标准"。在大多数情况下，如果模型的训练涉及结构化数据，往往需要数万条记录才行。

第 *4* 章

准备数据 2：转换数据

本章涵盖如下内容：
- 处理更多不正确的值
- 将复杂、多词的值映射为单个标记
- 处理类型不匹配的问题
- 处理清理后依然包含错误值的行
- 从现有列派生出新列
- 准备分类列和文本列来训练深度学习模型
- 回顾第 2 章中介绍的端到端解决方案

第 3 章介绍了如何纠正输入数据集中的一些错误和异常。当然，我们还需要对数据集进行更多的清理和准备工作，而这就是本章要完成的内容。本章将教你处理余下的问题(包括多字标记和类型不匹配等问题)，并确定如何处理所有清理操作完成后仍然存在的错误值。然后，我们将创建派生列，并讨论如何准备非数字型数据来训练深度学习模型。最后，本章将进一步研究第 2 章中已经介绍的端到端解决方案，以探讨之前已经完成的数据准备步骤应如何融入训练、部署深度学习模型的整个过程。当然，这里还是以有轨电车延误预测问题为示例。

在本章中，你将看到一个一致的主题：对数据集进行更新，使其更符合现实世界中有轨电车延误的情况。通过消除数据集中的错误和歧义，使数据集更贴近真实世界，这样，你就更有可能获得准确的深度学习模型。

4.1　准备及转换数据的代码

如果你复制了 GitHub 上(http://mng.bz/v95x)与本书相关的内容，那么与探索和清理数据有关的代码位于 notebooks 子目录下。下面的代码清单 4.1 显示了本章将描述的相关文件。

代码清单 4.1　与准备数据相关的代码

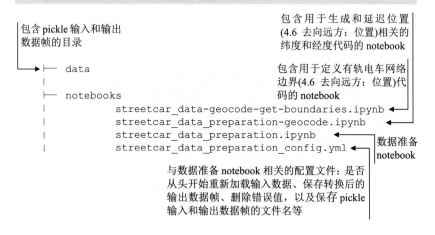

4.2　处理不正确的数值：路线

第 3 章教你对方向列进行了清理。你应当还记得，该列的有效

值对应不同的方位点，外加一个指示双向的额外标记。方向列的
有效值(北、东、南、西)是通用的，并且其实并非专用于有轨电车的延
误问题。那么有轨电车用例中具有唯一值的列——路线列和车辆列
呢？应该如何清理这些列？从清理动作中，我们能学到什么教训，
从而将其应用到其他数据集上呢？

　　如果你看一下数据准备 notebook 的开头，你将注意到一个包含
有效有轨电车路线的表格(如图 4.1 所示)。

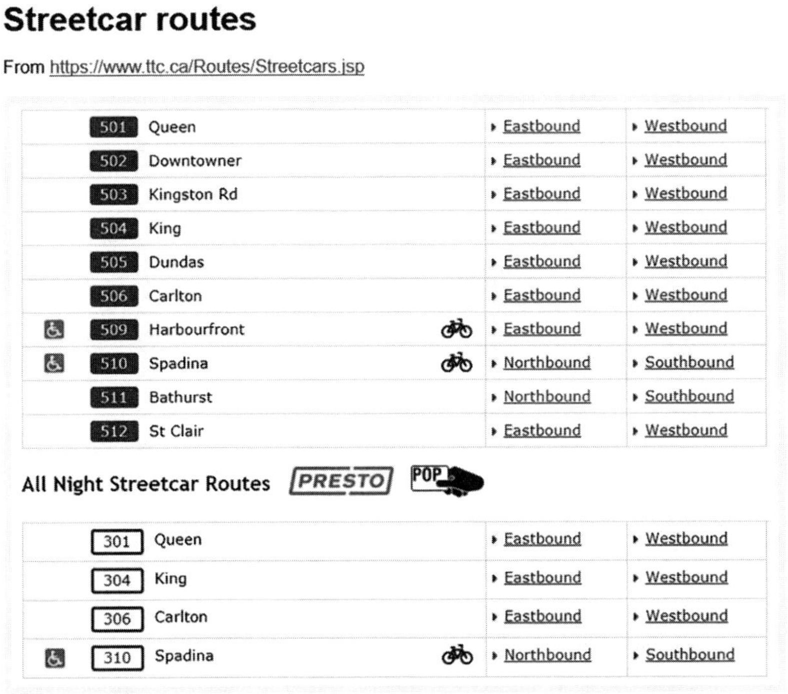

图 4.1　有效的有轨电车路线

　　下面的代码清单 4.2 显示了数据准备 notebook 中相关的代码，
该代码用来清理路线列中的值。

代码清单 4.2   清理路线列中的值的代码

定义包含所有有效路线值的列表

```
valid_routes = ['501','502','503','504','505','506','509', \
'510','511','512','301','304','306','310']

print("route count",df['Route'].nunique())
route count 106
```

打印出路线列中所有唯一值的数量

```
def check_route (x):
    if x in valid_routes:
        return(x)
    else:
        return("bad route")
df['Route'] = df['Route'].apply(lambda x:check_route(x))
```

使用占位符替换不在有效值列表中的路线的函数

将 check_route 函数应用到路线列上

```
print("route count post cleanup",df['Route'].nunique())
df['Route'].value_counts()
route count post cleanup 15
```

打印出路线列中所有经过处理的唯一值的数量

　　输入数据集中的数据后，路线列中的值就不只是包含有效的路线了。该列中包含许多并非有效有轨电车路线的数据。如果不解决这个问题，就无法使用能反映真实情况的数据来训练深度学习模型。我们需要清理路线列中的值，从而对数据集进行重构，使得每行记录都能记录某一路线/方向/时隙的组合情况(参见第 5 章)。

　　路线列和车辆列的数据清理过程是值得研究的，因为你可能在很多实际的数据集中遇到同样的难题：你有一列数据，该列中的数据严格定义了其有效值列表，但数据集中仍然存在错误值，原因可能是数据导入的方式，或者是数据输入过程中宽松的错误检查。

　　路线列中存在的问题有多严重？当查看路线列中的值时，你会发现，该列本应包含 14 条有效的有轨电车路线，但是实际上，其中包含了 100 多个不同的值。

定义一个简单的函数 check_route 来检查路线列中的值，并将有效路线列表中未出现的其他值均替换为 bad value 标记。使用 Lambda 将该函数用于整个路线列，从而使该函数对该列中的每个值都发挥作用。如想进一步了解如何使用 Lambda 将函数应用于 Pandas 数据帧中，请参考 http://mng.bz/V8gO。

应用 check_route 函数之后，再次检查路线列中唯一值的数量，以确保该列不再包含其他意料之外的数值。正如我们期望的那样，路线列中现在有 15 个不同的值——14 个有效路线值以及 1 个 bad route 值，这个值用于标记原始数据集中并非有效的有轨电车路线的值。

4.3　为何只能用单个替代值来换掉所有错误的值？

你可能会问，除了使用单个值来替换所有的错误值之外，是否还有其他处理错误路线值的方法。如果只使用一个占位符来替换掉所有的错误值，那么无效路线值中的某种信号因此而丢失了该怎么办？如果占位符可反映路线值错误的原因，那么用这样的占位符替换错误值可能会很有意义，例如：

- Bus_route——路线列中的这些值不是有效的有轨电车路线，而是有效的公交路线。
- Obsolete_route——路线列中之前的有轨电车路线值。
- Non_ttc_route——路线列中的这些值是多伦多以外的公交路线的有效路线名称，这些路线不是由多伦多公交委员会(TTC)运行的。多伦多周边的城市(包括西部的 Mississauga、西北的 Vaughn 以及东北的 Markham 和东部的 Durham)都有自己独特的公交运营商。从理论上讲，这些非 TTC 的公交路线也可能会因为有轨电车的延误而延迟。在当前的数据集中，路线列中并没有包含非 TTC 路线的实例，但是这并不意味着这样的非 TTC 路线不会出现在未来的数据集中。第 9 章将谈到，模型在投入生产之后应该会对新的数据进行反复训练，因此数据准备代码应该保持弹性，因为将来可能要在输入数据集中进行更改。例如，此处之所以允许在路线列中使用非 TTC 路线值，是因为我们预测数据集会出现潜在变化。

● Incorrect_route——路线列中的这些值就大多伦多地区的任何运输方式而言都不是有效路线。

碰巧的是，对于有轨电车的延误问题，这些区别其实并不重要。我们只对有轨电车路线的延误情况感兴趣。但是，如果问题的框架不同，例如要预测有轨电车之外的交通方式的延误情况，那么可使用更细粒度的值(比如上面列出的这些值)来替换路线列中的错误值。当然，值得一问的是，一列中所有的无效值在项目目标方面的价值是否都相等。对于有轨电车延误问题而言，答案是肯定的。但是，相同的答案不一定适用于所有的结构化数据问题。

4.4　处理不正确的值：车辆

和有轨电车的有效路线清单一样，有轨电车车辆同样有有效的车辆清单。可在数据准备 notebook 中查看如何编译该有效车辆清单，并查看其信息来源(如图 4.2 所示)。

Streetcar vehicle IDs CLRV/ALRV

From https://en.wikipedia.org/wiki/Toronto_streetcar_system_rolling_stock#CLRVs_and_ALRVs

Class	Builder	Description	Fleet numbers	Fleet size	Year acquired	Year retired	Notes[35][36]
L1	SIG	CLRV	4000–4005	6	1977	2015–date	Prototypes for the CLRV, built in Switzerland.
L2	Hawker	CLRV	4010–4199	190	1977–1981	2009–date	air conditioning added to car #4041 in 2006.
--	Hawker	ALRV	4900	1	1982	1997	ALRV prototype. Tested in Toronto but never owned by TTC.
L3	Hawker	ALRV	4200–4251	52	1987–1988	2015–date	Longer, articulated version of the CLRV.

图 4.2　有效的有轨电车 ID

公共汽车也可能因有轨电车的延误而延迟。因此有效的公交 ID 列表其实更为复杂(参见图 4.3)。

Bus identification

The following links define the valid non-streetcar vehicles that can be delayed by streetcar incidents

- Buses 1xxx: https://cptdb.ca/wiki/index.php/Toronto_Transit_Commission_1000-1149
- Buses 2xxx: https://cptdb.ca/wiki/index.php/Toronto_Transit_Commission_2000-2110,_2150-2155,_2240-2485,_2600-2619,_2700-2765,_2767-2858
- Buses 70xx: https://cptdb.ca/wiki/index.php/Toronto_Transit_Commission_7000-7134
- Buses 74xx: https://cptdb.ca/wiki/index.php/Toronto_Transit_Commission_7400-7499,_7500-7619,_7620-7881
- Buses 8xxx: https://cptdb.ca/wiki/index.php/Toronto_Transit_Commission_8000-8099
- Buses 9xxx: https://cptdb.ca/wiki/index.php/Toronto_Transit_Commission_9000-9026

图 4.3　有效的公交 ID

和处理路线列一样，下面的代码清单 4.3 定义了一个函数。该函数使用单个标记来替换那些无效的车辆，使得车辆列中值的数量减少了一半以上。

代码清单 4.3　清理车辆列中值的代码

```
print("vehicle count pre cleanup",df['Vehicle'].nunique())
df['Vehicle'] = df['Vehicle'].apply(lambda x:check_vehicle(x))
print("vehicle count post cleanup",df['Vehicle'].nunique())
```

```
vehicle count pre cleanup 2438      ◄──────── 车辆中预清理时
vehicle count post cleanup 1017     ◄──────    唯一值的数量
                                    车辆列清理后
                                    唯一值的数量
```

事实证明，在第 5 章和第 6 章将要描述的模型训练中，其实并不会使用车辆列。首先，在第 8 章的部署场景中，用户是想乘坐有轨电车出行的人。这些人需要知道特定的有轨电车是否会出现延误情况。在这个用例中，用户并不知道他们将乘坐哪辆特定的有轨电车。既然用户在想要进行预测时无法提供车辆 ID，我们也就无法使用车辆列中的数据来训练模型了。但我们可在该模型的将来版本中使用车辆列，该模型就可针对不同的用户群体(如运行有轨电车的运输当局的管理员等)了，而这些用户知道给定行程的车辆 ID。因此车辆列中的值值得清理，以备将来之用。

4.5　处理不一致的值：位置

　　路线和车辆都是典型的分类型列，因为它们都有固定的一组很容易定义的有效值。而位置列则没有定义整齐的有效值列表，因此存在一系列不同的问题。我们有必要花一些时间来了解与位置列相关的问题，以及如何解决这些问题。因为此列也展示了你在处理实际数据集时可能遇到的混乱情况。该列中的值是特定于有轨电车数据集的。但在处理这些值时所采用的方法，例如获得一致的大小写，获得值的一致性顺序，以及使用单个字符串来替换同一实体的多种描述等，也可运用到其他许多数据集上。

　　下面列出了位置列中值的某些特征。

- 位置列中的值可以是交叉路口(如 Queen and Connaught)，也可以是地标(CNE Loop、Main Staion 或者 Leslie Yard)。
- 位置列中有数千个有效的交叉路口值。而路线的覆盖范围往往超出了与其同名的街道，因此一条路线会有多个未包含路线名的有效路口值。例如，Broadview and Dundas 就是 King 这条路线上的一个有效位置值。
- 地标值(如 St. Clair West 车站)则是众所周知的，也可以是特定于有轨电车网络的内部位置，例如 Leslie Yard。
- 街道名称的顺序有时候不一致，例如 Queen and Broadview 和 Broadview and Queen。
- 不少位置都有多个标记，例如 Roncy Yard、Roncesvalles Yard 以及 Ronc. Carhouse 代表的是同一个位置。
- 位置列中值的总数，远远超出了其他任何列：

```
print("Location count pre cleanup:",df['Location'].nunique())
Location count pre cleanup: 15691
```

清理位置列的一些步骤如下：

- 将所有值转换为小写。

- 使用一致的描述。当有多个不同的值(Roncy Yard、Roncesvalles Yard 和 Ronc. Carhouse)描述相同的位置时，则使用单个字符串(Roncesvalles Yard)来替换其他不同的字符串。这样，只有一个字符串可指示某一特定位置。

- 路口值名称中街道出现的顺序保持一致(将 Queen and Broadview 替换为 Broadview and Queen)。可通过确保名称中的街道按照字母顺序排列来实现这一点。

对位置列执行上述步骤时，每完成一个步骤，都要重新计算列中不同值的数量下降的百分比，以跟踪处理进度。位置列中的所有值都转换为小写后，唯一值的数量减少了 15%：

```
df['Location'] = df['Location'].str.lower()
print("Unique Location values after lcasing:",df['Location'].
nunique())
Unique Location values after lcasing: 13263
```

接下来要进行一组替换，以去除那些重复的值，如 stn 和 Station。你可能想知道应如何确定哪些值是重复的。例如，我们怎么知道 carhouse、garage 以及 barn 都和 yard 同义？此外，为什么要使用 yard 来代替这些值？这是一个好问题，因为它引出了关于机器学习项目的一个要点。为了确定位置列中的哪些值是等效的，需要有关多伦多(尤其是地理位置)，以及有轨电车网络相关领域的一些知识。所有的机器学习项目都需要结合机器学习的技术专长，和所要应用的学科相关的专业知识。例如，为了真正解决第 1 章中描述的信用卡欺诈检测问题，需要接触非常熟悉信用卡欺诈细节的人士。本书的主示例选择了有轨电车延误问题，因为我对多伦多非常了解，并且碰巧也了解一些与有轨电车网络相关的知识。因此可以确定 carhouse、garage 以及 barn 都和 yard 同义。永远不要低估机器学习项目对专业知识的需求。并且，在考虑要解决的项目时，应该确保团队中有人对相关领域具有足够的了解。

上述清理操作对位置列带来了什么影响？到目前为止，这些清理使得该列中唯一值的数量减少了 30%：

```
Unique Location values after substitutions: 10867
```

最后,使所有路口值名称中的街道顺序一致,例如,对 Queen and Broadview 和 Broadview and Queen 进行处理,使二者一致。这样,该列中唯一值的数量总共减少了 36%:

```
df['Location'] = df['Location'].apply(lambda x:order_location(x))
print("Location values post cleanup:",df['Location'].nunique())
Location values post cleanup: 10074
```

通过对位置列进行清理(小写转换、去除重复,以及整理路口名称中的街道顺序等),这里将不同的位置值数量从 15 000 减少到了 10 074,即减少了 36%。这样做除了能让训练数据集更准确地反映现实世界之外,还能节省实际支出,这将在 4.6 节中介绍。

4.6 去向远方:位置

是否只能使用 4.5 节中描述的内容来清理位置列呢?要知道,还有另外一种可考虑的转换方式:使用经度和纬度来替换该列中自由格式的文本型位置值。这样能为我们提供高度保真的值。地理编码准备 notebook 包含了使用 Google 地理编码 API(http://mng.bz/X06Y)来完成此转换的方法。

为何要使用经度和纬度来代替自由格式的文本型?这样做的优势包括:

- 列中的位置与地理编码 API 解析出来的位置一样准确。
- 输出值为数字,能直接用于训练深度学习模型。

缺点则包括:

- 位置列中 35%的位置并非街道路口/地址,而是特定于有轨电车网络的一些位置,如 birchmount yard。也就是说,其中有些位置无法解析为经度和纬度值。
- 有轨电车网络的拓扑结构以及延误情况带来的影响,与真实世界的地图并没有直接的关系。考虑一下如下两个可能出现延迟的位置：King and Church，其纬度为 43.648949，经度为−79.377754；Queen and Church，其纬度为 43.652908，经度为−79.379458。从经纬度的角度来看，这两个位置靠得很近，但是就有轨电车网络而言，它们的距离其实很远，因为它们根本就不在一条路线上。

本节(以及地理编码准备 notebook 中的代码)假定你正在使用 Google 的地理编码 API。这种方法有很多优点，比如有丰富的资料文档以及广泛的用户基础等，但是要注意，它不是免费的。要在一次批量运行(即不为了维持在免费额度内而分数次运行)中获得 60 000 个位置的经纬度值，估计要花费你 50 美元左右。当然也有几种可以省钱的替代方案。例如，Locationiq(https://locationiq.com)就提供了免费服务。它可让你以更少的迭代次数处理更大的位置数据集，且不必考虑谷歌地理编码 API 的免费额度。

因为 Google 地理编码 API 的调用不是免费的，并且在 24 小时内账户对 API 的调用次数也是有限制的，因此，我们有必要对数据集中的位置数据进行处理，以便尽量少调用地理编码 API 以获得经纬度值。

为了尽量减少调用地理编码 API 的次数，这里首先定义一个新的数据帧 df_unique，其中的一列包含唯一的位置值列表：

```
loc_unique = df['Location'].unique().tolist()
df_unique = pd.DataFrame(loc_unique,
➥ columns=['Location'])
df_unique.head()
```

图 4.4 显示了该新数据帧中的部分行。

这里定义了一个函数，该函数调用 Google 地理编码 API，以位置作参数，然后返回 JSON 结构。如果返回的结构不为空，则对其进行解析，返回包含经纬度值的列表。如果结构为空，则返回一个占位符。具体代码如下面的代码清单 4.4 所示。

	Location
0	broadview and gerrard
1	galley and roncesvalles
2	king and sherborne
3	main st. and upper gerard
4	gerrard and sumach

图 4.4　只包含不同位置值的数据帧

代码清单 4.4　用于获取街道路口位置经纬度值的代码

```
def get_geocode_result(junction):

    geo_string = junction+", "+city_name
    geocode_result = gmaps.geocode(geo_string)
    if len(geocode_result) > 0:        ← 检查结果是否为空
        locs = geocode_result[0]["geometry"]["location"]
        return [locs["lat"], locs["lng"]]
    else:
        return [0.0,0.0]
```

如果使用位置(该位置能被地理编码所解析)来调用该函数，则会返回相应经度和纬度值的列表：

```
get_geocode_result("queen and bathurst")[0]
43.6471969
```

如果该位置无法使用地理编码解析，则会返回一个占位符：

```
locs = get_geocode_result("roncesvalles to longbranch")
print("locs ",locs)
locs [0.0, 0.0]
```

然后，调用 get_geocode_results 函数在该数据帧中创建一个包含经度和纬度值的新列。若要将这两个值都存储到一列中，需要做一些额外的工作。但这种方式减少了调用地理编码 API 的次数，因而节约了资金，且有助于将调用地理编码 API 的次数保持在每日限额以下：

```
df_unique['lat_long'] = df_unique.Location.apply(lambda s:
➥ get_geocode_result(s))
```

接下来，为经度和纬度创建单独的列：

```
df_unique["latitude"] = df_unique["lat_long"].str[0]
df_unique["longitude"] = df_unique["lat_long"].str[1]
```

最后，将 df_unique 数据帧与原始的数据帧结合起来，从而将经度和纬度列添加到原始的数据帧当中：

```
df_out = pd.merge(df, df_unique, on="Location", how='left')
```

如你所见，要将经度和纬度列添加到数据集中，需要经过几个步骤(包括 Google 地理编码 API 的初始设置等)。对于很多常见的包含空间维度的业务问题，懂得如何在 Python 程序的上下文中操作经纬度是一项很有用的技能。经度和纬度值可用来创建可视化效果(如图 4.5 所示)，以便你找出延误情况的热点。事实证明，第 5 章和第 6 章中将要描述的深度学习模型并没有使用位置数据——无论是自由格式的文本值，还是经纬度。自由格式的文本型位置值无法在重构后的数据集中使用，而将自由格式的文本值转换为经纬度的过程又比较复杂，且很难集成到 pipeline 当中。第 9 章中的一个小节将介绍如何扩展模型以合并位置数据，从而识别有轨电车路线出现延误情况的地段。

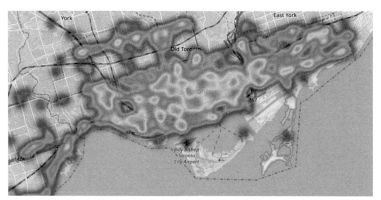

图 4.5　显示有轨电车延误热点的地图

4.7 处理类型不匹配问题

要获取数据帧中不同列的类型，可使用该数据帧的 dtypes 属性。对于最初为有轨电车延误数据集提供的数据帧，该属性的值如下所示：

```
Day                    object
Delay                 float64
Direction              object
Gap                   float64
Incident               object
Incident ID           float64
Location               object
Min Delay             float64
Min Gap               float64
Report Date     datetime64[ns]
Route                   int64
Time                   object
Vehicle               float64
```

当数据被提取时，Python 可很好地预测数据的类型，但这并不是完美的。幸运的是，要确保你不会碰到意外的类型，其实很容易。下面的代码就能确保连续型值的列具有可预测的数据类型：

```
for col in continuouscols:
    df[col] = df[col].astype(float)
```

类似地，Python 可能会误解那些看似数字的值(如车辆 ID)，并将 float64 分配给车辆列(如图 4.6 所示)。

	Report Date	Route	Time	Day	Location	Incident	Min Delay	Min Gap	Direction	Vehicle
0	2015-01-01	504	01:25:00	Thursday	Broadview and Gerrard	Mechanical	9.0	18.0	S/B	4092.0
1	2015-01-01	504	01:44:00	Thursday	Roncesvalles and Galley	Held By	14.0	23.0	S/B	4030.0
2	2015-01-01	504	02:04:00	Thursday	King and Sherborne	Mechanical	9.0	18.0	E/B	4147.0
3	2015-01-01	306	02:12:00	Thursday	Main St. and Upper Gerard	Investigation	29.0	39.0	S/B	4049.0
4	2015-01-01	306	05:05:00	Thursday	Gerrard and Sumach	Mechanical	30.0	60.0	W/B	4114.0

图 4.6　Python 对车辆列的类型解释错误

要处理这样的问题，可使用 astype 函数将列转换为字符串类型，然后剪去末尾，以删除残留的小数点和零：

```
df['Route'] = df['Route'].astype(str)
df['Vehicle'] = df['Vehicle'].astype(str)
df['Vehicle'] = df['Vehicle'].str[:-2]
```

4.8　处理依然包含错误数据的行

在完成全部清理动作后，数据集中还包含多少错误值？

```
print("Bad route count pre:",df[df.Route == 'bad route'].
shape[0])
print("Bad direction count pre:",df[df.Direction ==
➥ 'bad direction'].shape[0])
print("Bad vehicle count pre:",df[df.Vehicle == 'bad vehicle'].
shape[0])
Bad route count pre: 2544
Bad direction count pre: 407
Bad vehicle count pre: 14709
```

将此结果与数据集中的总行数进行比较：

```
df.shape output (78525, 13)
```

如果删除所有包含一个或者多个错误值的行，数据集的大小将会如何改变？

```
if remove_bad_values:
    df = df[df.Vehicle != 'bad vehicle']
    df = df[df.Direction != 'bad direction']
    df = df[df.Route != 'bad route']

df.shape output post removal of bad records (61500, 11)
```

这将删除大约 20% 的数据。问题是这样的：删除错误值会对模型性能带来什么影响？第 7 章将介绍一个相关的实验，该实验将比较删除或保留错误值对模型训练产生的不同结果。图 4.7 显示了该实验的结果。

实验	训练次数	终端验证准确度	在测试集上运行模型的假负值数量	测试集召回率：真正值/(真正值+假负值)
不包含错误值	50	0.78	3 500	0.68
包含错误值	50	0.79	6 400	0.53

图 4.7   对比训练数据集中有无错误值对模型性能的影响

尽管这两者的验证准确度大致相同，但是当保留这些错误值时，模型的召回率更低，且假负值数量更多。因此，可得出结论：删除错误值对训练模型的性能有利。

4.9   创建派生列

在某些情况下，需要从原始数据集中创建派生列。包含日期值(如有轨电车数据集中的"报告日期")的列中的信息(如年、月和日)可生成各种派生列，这些列有助于提升模型的性能。

图 4.8 显示了添加基于报告日期的派生列之前的数据帧。

Report Date	Route	Time	Day	Location	Incident	Min Delay	Min Gap	Direction	Vehicle	Report Date Time
2015-01-01	504	01:25:00	Thursday	Broadview and Gerrard	Mechanical	9.0	18.0	S/B	4092	2015-01-01 01:25:00
2015-01-01	504	01:44:00	Thursday	Roncesvalles and Galley	Held By	14.0	23.0	S/B	4030	2015-01-01 01:44:00
2015-01-01	504	02:04:00	Thursday	King and Sherborne	Mechanical	9.0	18.0	E/B	4147	2015-01-01 02:04:00
2015-01-01	306	02:12:00	Thursday	Main St. and Upper Gerrard	Investigation	29.0	39.0	S/B	4049	2015-01-01 02:12:00
2015-01-01	306	05:05:00	Thursday	Gerrard and Sumach	Mechanical	30.0	60.0	W/B	4114	2015-01-01 05:05:00

图 4.8   添加基于报告日期的派生列之前的数据帧

下列代码从现有的报告日期列创建年、月和日三列：

```
merged_data['year'] = pd.DatetimeIndex(merged_data['Report
Date']).year
    merged_data['month'] = pd.DatetimeIndex(merged_data['Report
Date']).month
    merged_data['daym'] = pd.DatetimeIndex(merged_data['Report
Date']).day
```

图 4.9 显示了添加派生列后数据帧的样子。

Report Date	Route	Time	Day	Location	Incident	Min Delay	Min Gap	Direction	Vehicle	Report Date Time	year	month	daym
2015-01-01	504	01:25:00	Thursday	Broadview and Gerrard	Mechanical	9.0	18.0	S/B	4092	2015-01-01 01:25:00	2015	1	1
2015-01-01	504	01:44:00	Thursday	Roncesvalles and Galley	Held By	14.0	23.0	S/B	4030	2015-01-01 01:44:00	2015	1	1
2015-01-01	504	02:04:00	Thursday	King and Sherborne	Mechanical	9.0	18.0	E/B	4147	2015-01-01 02:04:00	2015	1	1
2015-01-01	306	02:12:00	Thursday	Main St. and Upper Gerrard	Investigation	29.0	39.0	S/B	4049	2015-01-01 02:12:00	2015	1	1
2015-01-01	306	05:05:00	Thursday	Gerrard and Sumach	Mechanical	30.0	60.0	W/B	4114	2015-01-01 05:05:00	2015	1	1

图 4.9　包含基于报告日期的派生列的数据帧

第 5 章将生成派生列作为重构数据集过程的一部分。通过将年、月和月中的日期从报告日期列中抽出并生成新的列，可直接从用户那里获取日期/时间旅行信息，从而简化部署过程。

4.10　准备非数值型数据来训练深度学习模型

机器学习算法只能在数字型数据上进行训练，因此所有非数字型数据都要进行转换。图 4.10 显示了原始类型为分类型值的数据帧。

Report Date	Route	Time	Day	Location	Incident	Min Delay	Min Gap	Direction	Vehicle	Report Date Time	year	month	daym	hour
2018-11-12	501	16:45:00	Monday	Queen and Connaught	Mechanical	5.0	10.0	W/B	4180	2018-11-12 16:45:00	2018	11	12	16
2017-10-27	512	19:03:00	Friday	St Clair West Station	Investigation	3.0	6.0	W/B	4400	2017-10-27 19:03:00	2017	10	27	19
2014-05-25	501	06:42:00	Sunday	Queen t Coxwell	Investigation	13.0	23.0	E/B	4249	2014-05-25 06:42:00	2014	5	25	6
2015-02-10	506	01:05:00	Tuesday	Main Station	Emergency Services	10.0	10.0	W/B	4124	2015-02-10 01:05:00	2015	2	10	1
2017-05-15	502	10:43:00	Monday	Bingham Loop	Mechanical	8.0	16.0	W/B	7729	2017-05-15 10:43:00	2017	5	15	10

图 4.10　用数字 ID 替换分类型值和文本型值之前的数据帧

如果想用数字替换分类型值，可采用如下两种通用方法之一：标签编码——列中的每个唯一分类型值都被数字标识符替代；或者一键编码——为列中的每个唯一分类型值创建新列。在新列中，1

表示原始的分类型值，其他新列中则为 0。

标签编码可能会导致某些机器学习算法出现问题，这些算法会在数字标识符无意义的时候为其分配相对值。如果使用数字标识符替换加拿大各省的值，例如对于纽芬兰和拉布拉多，以 0 开始；对于不列颠哥伦比亚，则以 9 结尾。因此，阿尔伯塔的标识符(8)小于不列颠哥伦比亚的标识符，但这并不重要。

一键编码也有其问题。如果一列包含多个值，一键编码就会产生大量的新列。这些新列会吞噬大量内存，并且会使数据集的处理变得困难起来。对于有轨电车延误数据集，需要坚持使用标签编码来控制数据集中的列数。

下面的代码清单 4.5 来自 custom_classes 中定义的 encode_categorical 类，该代码使用 scikit-learn 库中的 LabelEncoder 函数将分类型列中的值替换为数字标识符。

代码清单 4.5　使用数字标识符替换分类型列中的值

```
def fit(self, X, y=None, **fit_params):
    for col in self.col_list:
        print("col is ",col)                      创建 LabelEncoder
        self.le[col] = LabelEncoder()  ◀          的一个实例
        self.le[col].fit(X[col].tolist())
    return self

def transform(self, X, y=None, **tranform_params):
    for col in self.col_list:              使用 LabelEncoder 实例将分类
        print("transform col is ",col)     型列中的值替换为数字标识符
        X[col] = self.le[col].transform(X[col])  ◀
        print("after transform col is ",col)
        self.max_dict[col] = X[col].max() +1
    return X
```

关于该类的详细描述，请参考第 8 章中与 pipeline 相关的内容。

图 4.11 显示了对分类型列日(Day)、方向、路线、小时、月份、位置、日(daym)以及年等进行编码后的数据帧的样子。

Report Date	Route	Time	Day	Location	Incident	Min Delay	Min Gap	Direction	Vehicle	Report Date Time	year	month	daym	hour
2018-11-12	50	16:45:00	1	9555	Mechanical	5.0	10.0	54	4180	2018-11-12 16:45:00	4	10	11	16
2017-10-27	61	19:03:00	0	12794	Investigation	3.0	6.0	54	4400	2017-10-27 19:03:00	3	9	26	19
2014-05-25	50	06:42:00	3	10244	Investigation	13.0	23.0	35	4249	2014-05-25 06:42:00	0	4	24	6
2015-02-10	55	01:05:00	5	7599	Emergency Services	10.0	10.0	54	4124	2015-02-10 01:05:00	1	1	9	1
2017-05-15	51	10:43:00	1	988	Mechanical	8.0	16.0	54	7729	2017-05-15 10:43:00	3	4	14	10

图 4.11　将分类型值替换为数字 ID 之后的数据帧

这里有一列仍包含非数字型数据，即事件列。该列含有描述发生的延误事件类型的多词短语。如果你还记得第 3 章中介绍的数据探索的话，你就知道该列为分类型列。为了演示如何处理文本型列，这里将事件列视作文本型列，然后应用 Python Tokenizer API 对其进行如下操作：

- 小写转换。
- 删除标点符号。
- 使用数字 ID 替换所有单词。

下面的代码清单 4.6 包含了完成上述转换的代码。

代码清单 4.6　将文本型列处理为模型训练数据集的一部分

```
from keras.preprocessing.text import Tokenizer

for col in textcols:
    if verboseout:
        print("processing text col",col)
    tok_raw = Tokenizer(num_words=maxwords,lower=True)
    tok_raw.fit_on_texts(train[col])
    train[col] = tok_raw.texts_to_sequences(train[col])
    test[col] = tok_raw.texts_to_sequences(test[col])
```

> Tokenizer实现小写转换并删除标点符号

图 4.12 显示了将上述代码运用到事件列上的效果。

图 4.13 比较了替换前后事件列中的值。现在，事件列中每个值都是数字 ID 的列表(如果你不太喜欢使用 Python 术语的话，则为数组)。注意，对于替换之后的值，原始列中的每一个单词都有一个对

应的 ID，并且这些 ID 的分配保持一致(无论同一个单词出现在列中的哪个位置，它们都会使用同一个 ID)。另外还要注意如下两点。

Report Date Time	Report Date	Route	Time	Day	Location	Incident	Min Delay	Min Gap	Direction	Vehicle	Report Date Time	year	month	daym	hour	time_of_day	target
2015-11-18 05:43:00	2015-11-18	53	05:43:00	6	8627	[1]	5.0	11.0	35	4027	2015-11-18 05:43:00	1	10	17	5	morning_rush	0
2018-10-24 07:49:00	2018-10-24	53	07:49:00	6	5523	[8, 9]	10.0	16.0	54	n	2018-10-24 07:49:00	4	9	23	7	morning_rush	1
2018-06-23 16:32:00	2018-06-23	53	16:32:00	2	11541	[1]	6.0	12.0	54	4428	2018-06-23 16:32:00	4	5	22	16	waft_rush	1
2017-05-23 16:40:00	2017-05-23	81	16:40:00	5	12663	[2]	27.0	32.0	39	4131	2017-05-23 16:40:00	3	4	22	16	aft_rush	1
2015-08-28 19:55:00	2015-08-28	5	19:55:00	0	7599	[13, 14]	8.0	16.0	54	4171	2015-08-28 19:55:00	1	7	27	19	evening	1

图 4.12　将分类型值和文本型值替换为数字 ID 之后的数据帧

- 最后，将事件列视作一个分类型列，这意味着将紧急服务 (Emergency Services)之类的多词值编码为单个数字值。本节将事件列当作文本型数据进行了处理，以说明代码中的这一部分是如何运行的，因此，Emergency Services 这样的短语中的每个单词都被单独进行了编码。
- 这里只演示了一个文本型列，但是该代码适用于包含多个文本型列的数据集。

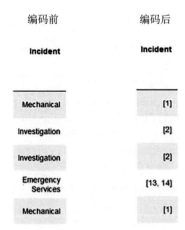

图 4.13　对事件列进行编码前后的效果对比

4.11　端到端解决方案概述

在研究深度学习和用于解决有轨电车延误问题的软件栈之前，本节将通过回顾第 2 章介绍的端到端流程图来描述问题的整个解决方案。图 4.14 显示了构成该解决方案的主要组件，从输入数据集到部署经过训练的模型(通过简单的网站或者 Facebook Messenger 进行部署和访问)所构成的解决方案。这些组件分为三个部分：清理数据集，构建和训练模型，以及部署模型。

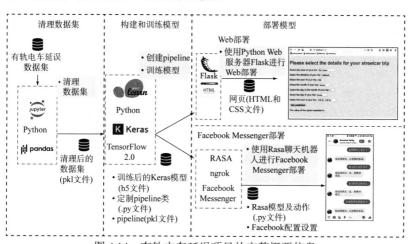

图 4.14　有轨电车延误项目的完整概要信息

图 4.15 突出显示了第 2 章、第 3 章以及第 4 章中从输入数据集到清理数据集的相关组件，包括 Python 和用于处理表格数据的 Pandas 库。

图 4.16 则显示了将在第 5 章和第 6 章中使用的组件，包括深度学习库 Keras 和 scikit-learn 库中的 pipeline 功能，这些组件被用来构建和训练深度学习模型。

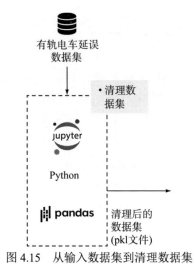

图 4.15　从输入数据集到清理数据集

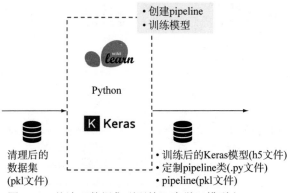

图 4.16　从清理数据集到训练深度学习模型和 pipeline

　　图 4.17 突显了第 8 章中部署经过训练的深度学习模型所使用的组件。对于 Web 部署，这些组件包括 Flask Web 部署库(用于展示 HTML 网页，用户可在上面详细说明其有轨电车旅行的信息，并查看模型对该旅程是否会延迟作出的预测)。对于 Facebook Messenger 部署，这些组件则包括 Rasa 聊天机器人框架、用于连接 Rasa 和 Facebook 的 ngrok，以及 Facebook 应用程序配置。

Web部署
• 使用Python Web服务器Flask进行Web部署
Flask
HTML
网页(HTML和CSS文件)
Please select the details for your streetcar trip
Select the route of your trip:
Select the direction of your trip:
Select the year of your trip:
Select the month of your trip:
Select the day of the month of your trip:
Select the day of your trip:
Select the hour of your trip:
Get prediction
The value of the option selected is:
• 训练后的Keras模型(h5文件)
• 定制pipeline类(.py文件)
• pipeline(pkl文件)
RASA
ngrok
Facebook Messenger
Facebook Messenger部署
• 使用Rasa聊天机器人进行Facebook Messenger部署
• Rasa模型及动作(.py文件)
• Facebook配置设置
Streetcar Delay...

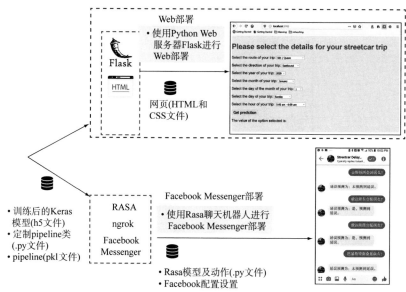

图 4.17　从训练深度学习模型到部署模型

图 4.18 和 4.19 则显示了项目的目标：将经过训练和部署的深度学习模型用于在网页上(见图 4.18)或者 Facebook Messenger 上(见图 4.19)预测给定的有轨电车旅程是否会延误。

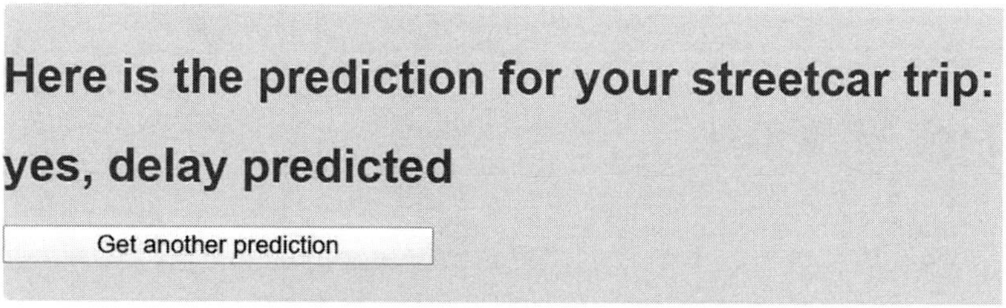

Here is the prediction for your streetcar trip:
yes, delay predicted
Get another prediction

图 4.18　网页版有轨电车延误预测

本节简要介绍了端到端的有轨电车延误预测项目。接下来的 4 章将详细介绍从本章的清理数据到简单的网页模型部署的全部步骤。该网页使用经过训练的深度学习模型来预测给定的有轨电车旅行是否会发生延误情况。

图 4.19　Facebook Messenger 版有轨电车延误预测

4.12　本章小结

- 清理数据并不是我们需要对数据集进行的唯一准备动作。我们还需要将各种非数字型(如分类型列中的字符串等)的值转换为数字值。
- 如果数据集包含无效值(如不实的有轨电车路线,或者无法映射到真实方位的方向值等),则可将这些值替换为有效的占位符(如分类型列中最常用的值),或者将包含这些值的记录从数据集中删除。

- 将 CSV 或者 XLS 文件提取到 Pandas 数据帧中时，有时候不一定能为列分配正确的数据类型。如果 Python 将错误的类型分配给了列，则需要将该列转换为所需的类型。
- 因为我们无法使用非数值型数据来训练深度学习模型，所以需要将分类型列中的字符串映射为数值。可使用 scikit-learn 库中的 LabelEncoder 函数进行此操作。

第 *5* 章

准备并构建模型

本章涵盖如下内容：

- 再次访问数据集并确定用于训练模型的特征
- 在没有延误的情况下重构数据集以纳入时隙信息
- 将数据集转换为 Keras 模型期望的格式
- 基于数据结构自动构建 Keras 模型
- 检查模型的结构
- 设置参数，包括激活函数、优化函数以及学习率

　　本章的起始部分将带你快速地重新检查数据集，以考虑哪些列适合应用于模型训练。然后，本章将介绍如何进行必要的转换，以将数据从此前一直在处理的格式(Pandas 数据帧)转换为深度学习模型期望的格式。接下来将教你遍历模型本身的代码，并查看如何基于列的类型逐层构建深度学习模型。最后，本章的结尾部分将回顾可用于检查模型结构的方法和可用于调整模型训练的参数等。

　　到目前为止，本书的前几章内容为本章的要点奠定了基础。在研究了问题并准备好数据之后，现在终于可研究深度学习模型本身

了。在阅读本章时，需要时刻牢记一件事情：如果你此前从未直接使用过深度学习模型，那么在完成准备数据所需的全部工作之后，你可能会发现该模型的代码有些古板。若将 Python 库用于经典的机器学习算法，你可能会有熟悉的感觉。将逻辑回归或者线性回归应用于已准备好的数据集，这样的代码平平无奇。若你曾不得不创建非凡的代码来驯服现实世界的数据集，上述代码则更显平凡。你可在 streetcar_model_training notebook 中看到与本章相关的代码。

5.1 数据泄露和数据特征是训练模型的公平博弈

在深入研究构成模型的代码的相关细节之前，我们需要检查哪些列(原始数据集中的列或者是派生的列)适合用来训练模型。如果需要使用该模型来预测有轨电车的延误情况，则还要确保不会出现数据泄露的现象。当使用来自训练数据集之外的数据(包括你要预测的结果)训练模型时，往往会发生数据泄露的情况。当你想进行预测时，如果你依赖目前无法获得的数据训练模型，且出现了数据泄露，你会面临如下问题：

● 削弱模型的预测能力。
● 过于乐观地评估模型的性能。

要理解数据泄露的问题，请设想一个简单的模型，该模型可预测给定房地产市场中房屋的售价。对于此模型，你有一组有关该市场中最近售出的房屋信息。可使用这些信息来训练模型，然后使用该模型来预测投放市场的房屋的销售价格，如图 5.1 所示。

根据多套已售房屋　　　　使用经过训练的模型来预测
的数据来训练模型　　　　市场上新房子的销售价格

图 5.1　训练并使用模型来预测房屋价格

图 5.2 显示了可在 soldhouses 数据集中选择的特征。

特征	样例值	预测时是否可用？	是否为数据泄露的来源？
卧室数量	3	是	否
浴室数量	2	是	否
占地面积	1 700 平方英尺	是	否
房屋正面	40 英尺	是	否
上市时间	三周	否	是
开价	$400 000	可能	可能
售价	$350 000	否	是

图 5.2　已售房屋数据集中可用的特征

这里的目标是对房屋最初上市时(可能在出售前几周)的售价作出预测。当房屋准备上市时，可查看如下特征。

- 卧室数量
- 浴室数量
- 占地面积
- 房屋正面

已知售价(此处要预测的特征)是不可用的。那如下特征呢？

- 上市时间
- 开价

当你进行预测时，由于房屋尚未上市，无法获得上市时间，因此不应该使用该特征来训练模型。开价则有点含糊不清。当你进行预测时，它可能可用，也可能不可用。该示例表明，在确定给定的特征是否会导致数据泄露之前，需要对真实业务情况有更深入的了解才行。

5.2　使用领域专业知识和最小得分测试来防止数据泄露

如何防止 5.1 节中描述的数据泄露情况的出现？如果你已具备

与深度学习模型试图解决的业务问题相关的专业知识，那么你更易于避免数据泄露。本书的基本目标之一就是使你能对日常工作中的问题进行深度学习，以便你充分利用自己在工作中拥有的领域专业知识。

回到房屋价格示例(5.1节)上来，如果你使用了已被识别为能造成数据泄露的特征(如上市时间)来训练模型，将会发生什么？首先，在模型训练过程中，你可能会看到模型的性能(例如以准确度来衡量)还不错。但是，这种出色的表现反倒会令人误解。这相当于当每个学生在考试过程中都偷看了答案时，老师会对学生的测试成绩感到满意。学生们的表现不合理，因为考试时他们接触了本不该提供给他们的信息。数据泄露的第二个结果是，当你完成模型训练并尝试应用时，你会发现缺少模型进行预测所需要的某些特征。

除了应用领域知识(例如，房屋首次上市时其上市时间是不可知的)之外，还可采取什么措施来防止数据泄露？在模型的早期迭代过程中，进行最小得分测试应该会有所帮助。在上述的房价示例中，可使用已训练模型的临时版本，并运用一两个新上市的房屋数据。因为训练迭代尚未完成，所以预测的效果可能会很差。但是此练习将揭示模型在预测时无法使用的那些特性，因此你可将这些特征从训练过程中删除。

5.3　防止有轨电车延误预测中的数据泄露问题

在有轨电车延误的示例中，需要预测给定的有轨电车旅程是否会出现延误情况。在这种背景下，训练模型的特征若包含事件列，将会构成数据泄露，因为在乘客出行之前，我们并不知道给定的旅程是否会出现延误以及延误的性质是什么。我们也不知道，在乘客出行之前，给定的有轨电车对应的事件列将会有什么样的值(如果有的话)。

如图5.3所示，最小延迟和最小间隔列也能造成数据泄露。此处的标签(即试图预测的值)是从最小延迟派生的，并且与最小间隔

相关，因此这两列都是潜在的数据泄露源。当我们要预测给定的有
轨电车旅程是否会延误时，我们不知道这些值。

如果将这些列用作训练模型的特征，
则可能会导致数据泄露

	Report Date	Route	Time	Day	Location	Incident	Min Delay	Min Gap	Direction	Vehicle
0	2014-01-02	505	06:31:00	Thursday	Dundas and Roncesvalles	Late Leaving Garage	4.0	8.0	E/B	4018.0
1	2014-01-02	504	12:43:00	Thursday	King and Shaw	Utilized Off Route	20.0	22.0	E/B	4128.0
2	2014-01-02	501	14:01:00	Thursday	Kingston road and Bingham	Held By	13.0	19.0	W/B	4016.0
3	2014-01-02	504	14:22:00	Thursday	King St. and Roncesvalles Ave.	Investigation	7.0	11.0	W/B	4175.0
4	2014-01-02	504	16:42:00	Thursday	King and Bathurst	Utilized Off Route	3.0	6.0	E/B	4080.0

图 5.3　原始数据集中可能导致数据泄露的列

从另外一个角度来看，当我们要为特定的行程或者一组行程作
出延迟预测时，哪些列包含合法可用的信息？第 8 章将介绍用户在
进行预测时需要提供的信息。用户提供的信息取决于部署的类型。

- *Web 部署*(参见图 5.4)——在模型的 Web 部署中，用户选择
  7 个评分参数(路线、方向以及日期/时间的详细信息)，这些
  参数将被传入经过训练的模型来获得预测结果。

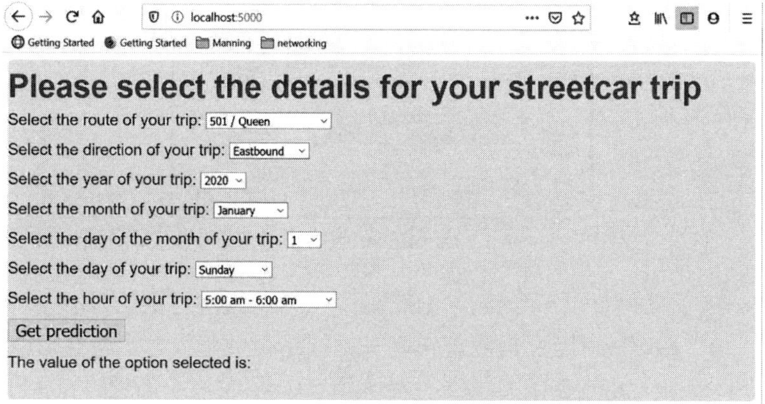

图 5.4　用户在 Web 版的模型部署中要提供的信息

- *Facebook Messenger 部署*(参见图 5.5)——在模型的 Facebook
  Messenger 部署中，如果用户没有提供明确的日期/时间详细

信息，那么模型在进行预测时会默认使用当前时间。在此部署中，用户只需要提供两个评分参数：预期的有轨电车行驶路线和方向。

图 5.5　用户在 Facebook Messenger 版的模型部署中要提供的信息

接下来检查以下参数，以确保不会出现数据泄露的风险。

● *路线*——当要预测有轨电车旅行是否会延误时，需要知道该旅行将走哪条路线(如皇后大道 501 号，或者金斯顿路 503 号)。

● *方向*——在预测行程是否会延误时，需要知道行程的方向(北、南、东或者西)。

下面的日期/时间信息(用户可在 Web 部署方式中明确设置，或者

在 Facebook Messenger 部署中默认为当前日期/时间)也是已知的:

- 小时
- 日(星期几, 如星期一)
- 月份中的某一天
- 月份
- 年

现计划在数据条目中添加一个特征
以进行预测: 位置。此特征有点棘手。
如果查看源数据集中的位置信息(如图
5.6 所示), 我们就会知道, 当要预测有
轨电车旅程是否会延误时, 我们是不会
知道位置信息的。但我们会知道旅程的
起 点 和 终 点 (例 如 从 Queen and
Sherbourne 出发, 然后前往 Queen and
Spadina 的皇后大道 501 号等)。

Location

Dundas and Roncesvalles

King and Shaw

Kingston road and Bingham

King St. and Roncesvalles Ave.

King and Bathurst

图 5.6　位置列中的值

那么, 如何将这些起点和终点信息与行程中特定地点出现延误情
况的可能性关联起来? 地铁线路通过车站来定义路线上的不同地点,
相比之下, 有轨电车路线的流动性更好一些。它沿途可以有很多站点,
而这些站点不是静止的。与地铁站不一样, 有轨电车的站点是会移动
的。第 9 章将探讨一种方法, 即将每条线路划分为多个部分, 从而预
测在有轨电车路线的整个行程中, 哪一部分可能会出现延误情况。目
前处理的模型版本不包含位置信息, 以免首次端到端的模型运行变得
太复杂。

如果将有轨电车模型的训练限制在已经确定的列(如路线、方
向、日期/时间列)上, 那么可防止数据泄露, 并确保正在训练的模型
能预测新的有轨电车旅程的延误情况。

5.4　探索 Keras 和建立模型的代码

在复制了与本书相关的 GitHub 内容(http://mng.bz/v95x)之后,

可在 notebooks 子目录下找到与探索 Keras 以及构建有轨电车延误预测模型相关的代码。下面的代码清单 5.1 显示了包含本章所述代码的文件。

代码清单5.1　与探索 Keras 和构建模型有关的代码文件

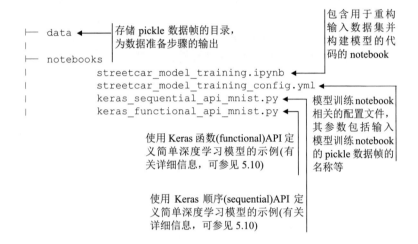

5.5　推导用于训练模型的数据帧

第 1 章至第 4 章中采用了多个步骤来清理和转换数据，包括：

- 使用单一值替换冗余值，例如在方向列中，使用 e 替换 eastbound、e/b 以及 eb。
- 删除包含无效值的记录，例如无效有轨电车路线值的记录。
- 用数字标识符替换分类型值。

图 5.7 展示了这些转换的结果。

该数据集是否足够用于训练模型，以达到预测给定有轨电车旅程是否会延误的目标？答案是不。到目前为止，该数据集只包含延误记录，缺少了没有出现延误情况的相关记录。因此我们需要重构数据集，使其也包含在特定方向以及特定路线上没有出现延误情况的所有记录。

Report Date	Route	Time	Day	Location	Incident	Min Delay	Min Gap	Direction	Vehicle	Report Date Time	year	month	daym	hour
2018-11-12	50	16:45:00	1	9555	[1]	5.0	10.0	54	4180	2018-11-12 16:45:00	4	10	11	16
2017-10-27	61	19:03:00	0	12794	[2]	3.0	6.0	54	4400	2017-10-27 19:03:00	3	9	26	19
2014-05-25	50	06:42:00	3	10244	[2]	13.0	23.0	35	4249	2014-05-25 06:42:00	0	4	24	6
2015-02-10	55	01:05:00	5	7599	[13, 14]	10.0	10.0	54	4124	2015-02-10 01:05:00	1	1	9	1
2017-05-15	51	10:43:00	1	988	[1]	8.0	16.0	54	7729	2017-05-15 10:43:00	3	4	14	10

图 5.7　第 4 章结束时完成转换的输入数据集

图 5.8 总结了原始数据集和重构数据集之间的差异。在原始数据集中，每条记录都描述了一个延误事件，包括时间、路线、方向以及导致延误的事件。在重构的数据集中，每个时隙(自 2014 年 1月 1 日以来的每个小时)、路线以及方向的组合都有一条记录，无论该时隙内在该路线、方向上是否发生了延误事件。

图 5.8　将原始数据集与重构数据集进行比较

图 5.9 清晰地显示了重构后数据集的样子。如果在给定方向上、给定路线的给定时隙(某一天的一小时)内发生延误事件，则计数为非零值，否则为零。图 5.9 显示，2014 年 1 月 1 日午夜至凌晨 5 点之间，东向的 301 号路线上没有发生延误事件。

图 5.10 显示了获取该重构数据集的步骤，该数据集中每个时隙/路线/方向的组合均对应一条记录。

详细步骤如下。

(1) 创建一个名为 routedirection_frame 的数据帧，其中每个路线/方向组合都为一条记录(参见图 5.11)。

	Report Date	count	Route	Direction	hour	year	month	daym	day	Min Delay	target
0	2014-01-01	0	301	e	0	2014	1	1	2	0.0	0
1	2014-01-01	0	301	e	1	2014	1	1	2	0.0	0
2	2014-01-01	0	301	e	2	2014	1	1	2	0.0	0
3	2014-01-01	0	301	e	3	2014	1	1	2	0.0	0
4	2014-01-01	0	301	e	4	2014	1	1	2	0.0	0

图 5.9　重构后的数据集，每个路线/方向/时隙的组合均对应一条记录

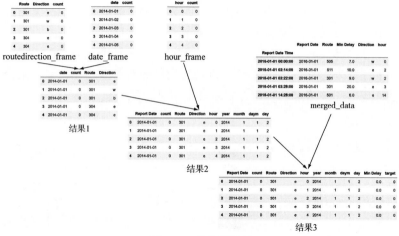

图 5.10　重构数据帧

(2) 创建一个名为 date_frame 的数据帧，所选时间段中的每个日期为一条记录(见图 5.12)，训练数据将从这些记录中挑选出来。

(3) 创建一个名为 hour_frame 的数据帧，其中该天的每个小时为一行(见图 5.13)。

(4) 将上述三个数据帧合并起来，获得结果 2 数据帧(见图 5.14)。

(5) 将基于日期生成的派生列添加到结果 2 数据帧上。

```
result2['year'] = pd.DatetimeIndex(result2['Report Date']).year
    result2['month'] = pd.DatetimeIndex(result2['Report Date']).month
```

```
result2['daym'] = pd.DatetimeIndex(result2['Report Date']).day
result2['day'] = pd.DatetimeIndex(result2['Report Date']).weekday
```

	Route	Direction	count
0	301	e	0
1	301	w	0
2	301	b	0
3	304	e	0
4	304	e	0

图 5.11　routedirection_frame 数据帧

	date	count
0	2014-01-01	0
1	2014-01-02	0
2	2014-01-03	0
3	2014-01-04	0
4	2014-01-05	0

图 5.12　date_frame 数据帧

	hour	count
0	0	0
1	1	0
2	2	0
3	3	0
4	4	0

图 5.13　hour_frame 数据帧

	Report Date	count	Route	Direction	hour	year	month	daym	day
0	2014-01-01	0	301	e	0	2014	1	1	2
1	2014-01-01	0	301	e	1	2014	1	1	2
2	2014-01-01	0	301	e	2	2014	1	1	2
3	2014-01-01	0	301	e	3	2014	1	1	2
4	2014-01-01	0	301	e	4	2014	1	1	2

图 5.14　结果 2 数据帧

(6) 从输入数据集(merged_data 数据帧)中删除多余的列，并将其与结果 2 数据帧合并到一起，以获得完整的重构数据帧(见图 5.15)。

	Report Date	count	Route	Direction	hour	year	month	daym	day	Min Delay	target
0	2014-01-01	0	301	e	0	2014	1	1	2	0.0	0
1	2014-01-01	0	301	e	1	2014	1	1	2	0.0	0
2	2014-01-01	0	301	e	2	2014	1	1	2	0.0	0
3	2014-01-01	0	301	e	3	2014	1	1	2	0.0	0
4	2014-01-01	0	301	e	4	2014	1	1	2	0.0	0

图 5.15　完整的重构数据帧

比较一下重构前后数据集的大小：包含 56 000 行的数据集会生成含 250 万行记录的重构数据集，这涵盖了 5 年的时间。重构数据

集涵盖的时间段，其开始和结束由如下变量控制，在整体参数块中
进行定义：

```
start_date = date(config['general']['start_year'], \
config['general']['start_month'], config['general']['start_day'])
end_date = date(config['general']['end_year'], \
config['general']['end_month'], config['general']['end_day'])
```

开始日期与延误数据集的开始日期(2014 年 1 月)相对应。可更
新配置文件streetcar_model_training_config.yml 中的参数来修改结束
日期。但是需要注意，end_date 的时间不应晚于原始延误数据集
(http://mng.bz/4B2B)中的最新延迟时间。

5.6　将数据帧转换为 Keras 模型期望的格式

Keras 模型期望使用张量作为输入。可将张量视作矩阵的一般
化。矩阵为 2 维张量，向量则是 1 维张量。图 5.16 按照维度对张量
的常用术语进行了总结。

维度	常用术语	示例
0	标量	1
1	向量	[1,2,3]
2	矩阵	$\begin{bmatrix} 1 & 2 & 3 \\ 4 & 5 & 6 \\ 7 & 8 & 9 \end{bmatrix}$
3	3 维矩阵	$\begin{bmatrix} 1 & 2 & 3 \\ 4 & 5 & 6 \\ 7 & 8 & 9 \end{bmatrix}$

图 5.16　张量术语汇总

在 Pandas 数据帧中完成了全部数据转换操作之后，将数据输入模

型进行训练前的最后一步，就是将数据放入 Keras 模型所需的张量格式中。将此转换留作训练模型之前的最后一步，就可充分享受 Pandas 数据帧带来的便利性，直到我们需要将数据放入 Keras 模型期望的格式中为止。执行此转换操作的代码在 prep_for_keras_input 类的 transform 方法中，如下面的代码清单 5.2 所示。该类是第 8 章将描述的 pipeline 的一部分。该 pipeline 负责对数据进行转换，以进行训练并评分。

代码清单 5.2　将数据放入模型所需的张量格式的代码

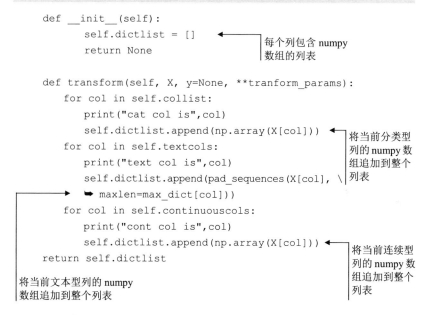

```
def __init__(self):
    self.dictlist = []          每个列包含 numpy
    return None                 数组的列表

def transform(self, X, y=None, **tranform_params):
    for col in self.collist:
        print("cat col is",col)
        self.dictlist.append(np.array(X[col]))    将当前分类型
    for col in self.textcols:                     列的 numpy 数
        print("text col is",col)                  组追加到整个
        self.dictlist.append(pad_sequences(X[col], \  列表
            maxlen=max_dict[col]))
    for col in self.continuouscols:
        print("cont col is",col)
        self.dictlist.append(np.array(X[col]))    将当前连续型
    return self.dictlist                          列的 numpy 数
                                                  组追加到整个
将当前文本型列的 numpy                              列表
数组追加到整个列表
```

上述代码是非常灵活的。像本示例中的其他代码一样，只要对输入数据集的列进行正确的分类，该代码就适用于各种表格结构化数据，它并不特定于有轨电车数据集。

5.7　Keras 和 TensorFlow 简史

现在，训练深度学习模型所需的最后一组转换操作已经完成了。

本节将介绍一下 Keras 的背景知识。Keras 是对本书主示例创建模型的高级深度学习框架。本节将简要回顾 Keras 的历史及其与底层深度学习框架 TensorFlow 的关系。5.8 节还将回顾从 TensorFlow 1.x 迁移到 TensorFlow 2(用于本书代码示例的后端深度学习框架)所需的步骤。5.9 节将 Keras/TensorFlow 这一框架与另一主流的深度学习框架 PyTorch 进行对比。5.10 节将展示两个代码示例,以说明如何在 Keras 中构建深度学习模型的各个层。对 Keras 有了基本的了解,我们就可研究如何使用 Keras 框架来实现有轨电车延误预测的深度学习模型,见 5.11 节。

Keras 是作为各种后端深度学习框架的前端而诞生的,包括 TensorFlow(https://www.tensorflow.org)和 Theano。Keras 旨在提供一组易访问的、易用的 API,以便开发人员探索深度学习。2015 年,当 Keras 被发布出来时,它所支持的深度学习后端库(首先是 Theano,然后是 TensorFlow)提供了极为广泛的功能。不过对于初学者来说,这可能就是一个挑战了。通过 Keras,开发人员可使用自己熟悉的语法来研究深度学习,而不必担心会在后端库中暴露出所有的细节。

如果你早在 2017 年之前就开始研究深度学习项目,那么你的选择包括:

- 直接使用 TensorFlow 库
- 以 Keras 作为 TensorFlow 的前端
- 在 Theano 之类的后端上使用 Keras(尽管到 2017 年,除了 TensorFlow 之外,其他的后端都使用得越来越少了)

尽管大多数使用 Keras 进行深度学习的人都以 TensorFlow 作为后端,但是 Keras 和 TensorFlow 是截然不同的两个单独的项目。不过,随着 TensorFlow 2 的发布,这一切在 2019 年发生了变化。

- 鼓励使用 Keras 进行深度学习的开发人员使用集成到 TensorFlow 中的 tf.keras 软件包,而不是使用独立的 Keras。
- 鼓励 TensorFlow 用户以 Keras(TensorFlow 中的 tf.keras 包)作为 TensorFlow 的高级 API。从 TensorFlow 2 开始,Keras

成为了 TensorFlow 的官方高级 API(http://mng.bz/xrWY)。

简而言之，原本分开的两个项目——Keras 和 TensorFlow 现在已经合并到了一起。特别是，随着新的 TensorFlow 版本的发布，例如 2020 年 5 月发布的 TensorFlow 2.2.0(http://mng.bz/yrnJ)，它们将包含后端和 Keras 前端的改进。可参阅《Python 深度学习》中关于 Keras 与 TensorFlow 的章节(http://mng.bz/AzA7)，进一步了解 Keras 与 TensorFlow 的关系，尤其是 TensorFlow 在使用 Keras 定义的深度学习模型的整体操作中所扮演的角色。

5.8 从 TensorFlow 1.x 迁移到 TensorFlow 2

本章和第 6 章中描述的深度学习模型代码，最初是面向以 TensorFlow 1.x 作为后端的独立 Keras 而编写的。TensorFlow 2 则是在本书成书期间发布的，因此这里决定将代码迁移到集成了 Keras 的 TensorFlow 2 环境中。所以，如果想运行 streetcar_model_ training.ipynb 中的代码，需要在 Python 环境中安装 TensorFlow 2。如果你还有其他尚未迁移到 TensorFlow 2 的深度学习项目，则可专门为本书中的代码示例创建一个 Python 虚拟环境，并在其中安装 TensorFlow 2。这样，其他深度学习项目就不需要进行什么改动了。

本节总结了需要对模型训练 notebook 中的代码进行的更改，从而将其从以 TensorFlow 1.x 为后端的独立 Keras 环境，迁移到 TensorFlow 2 上下文中。包含全部迁移步骤的 TensorFlow 文档，可在 https://www.tensorflow.org/guide/migrate 上获得。下面简要描述一下这些步骤。

(1) 将现有的 TensorFlow 升级到最新的 TensorFlow 1.x：

```
pip install tensorflow==1.1.5
```

(2) 端到端运行模型训练 notebook 中的所有代码，以确保其在最新版本的 TensorFlow 1.x 中能正常运行。

(3) 在模型训练 notebook 上运行升级脚本 tf_upgrade_v2。

(4) 将 Keras 的所有 import 语句更改为引用 tf.keras 包(包括将
from keras import regularizers 更改为 from tensorflow.keras import
regularizers)。

(5) 端到端模型训练 notebook 运行更新后的导入语句，以保证
一切正常。

(6) 按照 https://janakiev.com/blog/jupyter-virtual-envs 的说明创
建 Python 虚拟环境。

(7) 在 Python 虚拟环境中安装 TensorFlow 2。该步骤之所以必
要，是因为在第 8 章将要描述的 Facebook Messenger 部署方法中，
Rasa 聊天机器人框架需要 TensorFlow 1.x。在虚拟环境中安装
TensorFlow 2 后，可在模型训练步骤中利用此虚拟环境，而不会破
坏 TensorFlow 1.x 的部署条件。安装 TensorFlow 2 的命令如下：

```
pip install tensorflow==2.0.0
```

迁移到 TensorFlow 2 的过程非常轻松，而且因为使用了 Python
虚拟环境，所以可在需要进行模型训练的地方进行这种迁移，而不
会对其他的 Python 项目造成影响。

5.9 TensorFlow 与 PyTorch

在更为深入地研究 Keras 之前，此处有必要简单探讨一下当前另
外一个主流的深度学习库：PyTorch(https://pytorch.org)。PyTorch 由
Facebook 开发，2017 年作为开源项目提供给业界。http://mng.bz/Moj2
上的文章对这两个库进行了简要的对比。尽管 PyTorch 发展迅速，
但是目前使用 TensorFlow 的人依然多于使用 PyTorch 的。PyTorch
在学术/研究领域中是更为强大的存在(也是第 9 章中描述的 fast.ai 课程
在编程方面的基础)，而 TensorFlow 则在业界应用中占据主导地位。

5.10　Keras 中的深度学习模型架构

你可能还记得，第 1 章将神经网络描述为一系列分层组织的节点，每个节点都有与之相关的权重。简而言之，在模型训练过程中，这些权重会不断更新，直到损失函数达到最小，并且模型预测的准确度得到优化为止。本节将介绍两个简单的深度学习模型，以展示如何在 Keras 的代码中体现出第 1 章中介绍的层这一抽象概念。

有两种定义 Keras 模型中各层的方法：顺序 API 和函数 API。前者较为简单，但灵活性稍差；后者灵活性更大，但使用起来有点复杂。

为了说明这两个API，本节将研究如何使用两种MNIST(https://www.tensorflow.org/datasets/catalog/mnist)方法来创建最小的 Keras 深度学习模型。如果你以前从来没有见过 MNIST，那么你要知道，它其实是一个由手写数字标签图像构成的数据集。x 值来自图像文件，标签(y 值)则是数字的文本表示形式。运行 MNIST 的模型旨在正确识别手写的数字。MNIST 通常被用作训练深度学习模型的最小数据集。如果你想了解关于 MNIST 的更多背景知识，以及如何将其应用于深度学习框架的运行，请参阅 http://mng.bz/Zr2a。

值得注意的是，根据第 1 章对结构化数据的定义，MNIST 并非结构化数据集。虽然它不是结构化数据集，但是本节选择它来作示例，主要有两个原因：已经发布的 Keras API 入门示例使用的就是 MNIST；此外，还没有公认的结构化数据集能训练与MNIST 等效的深度学习模型。

使用顺序 API，模型定义以层的有序列表作参数。可从 TensorFlow 2(http://mng.bz/awaJ)支持的 Keras 图层列表中选择要包含在模型中的图层。代码清单 5.3 中的代码来自 keras_sequential_api_mnist.py。它改编自 TensorFlow 2 官方文档(http://mng.bz/RMAO)，显示了如何使用 Keras 顺序 API 来创建基于 MNIST 的简单深度学习模型。

代码清单 5.3　使用 Keras 顺序 API 的 MNIST 模型代码

定义 Keras 顺序模型

```
import tensorflow as tf
import pydotplus
from tensorflow.keras.utils import plot_model

mnist = tf.keras.datasets.mnist
```
Flatten 层(展平层)用于将输入的张量处理为包含相同数量元素的 1 维张量

```
(x_train, y_train), (x_test, y_test) = mnist.load_data()
x_train, x_test = x_train / 255.0, x_test / 255.0

model = tf.keras.models.Sequential([
    tf.keras.layers.Flatten(input_shape=(28, 28)),
    tf.keras.layers.Dense(128, activation='relu'),
    tf.keras.layers.Dropout(0.2),
    tf.keras.layers.Dense(10)
])
```

输出 Dense 层

Dense 层(全连接层),用于执行标准操作,以获取输入到该层的节点与权重的乘积,再加上偏移量

Dropout 层,随机关闭神经网络的一部分

```
model.compile(optimizer='adam',
    loss=tf.keras.losses.SparseCategoricalCrossentropy
    (from_logits=True),\
        metrics=['accuracy'])
```

编译模型,指定损失函数、优化函数,以及训练过程中需要跟踪的度量指标

```
history = model.fit(x_train, y_train, \
                    batch_size=64, \
                    epochs=5, \
                    validation_split=0.2)
```

调整权重以最小化损失函数来拟合模型

```
test_scores = model.evaluate(x_test, y_test, verbose=2)
print('Test loss:', test_scores[0])
print('Test accuracy:', test_scores[1])
```

评估模型的性能

这个简单的 Keras 深度学习模型示例与你所见到的非深度学习模型有着数个相同的特征。

● 输入数据集分为训练子集和测试子集。在训练过程中使用训

练子集来调整模型中的权重，然后使用测试子集来对经过训练的模型进行评估，以衡量其性能表现。本示例是通过准确度(即模型的预测结果与实际输出值的匹配程度)来衡量其性能的。

- 训练集和测试集均由输入的 x 值(对于 MNIST 而言，就是手写的数字图像)和标签，或者 y 值(对于 MNIST 而言，即为与手写数字对应的 ASCII 数字)组成。

- 非深度学习模型和深度学习模型使用相似的语句来定义和拟合模型。下面的代码清单 5.4 中对比了定义和拟合逻辑回归模型与 Keras 深度学习模型的语句。

代码清单 5.4 对比逻辑回归模型和 Keras 模型的代码

拟合逻辑回归模型

```
from sklearn.linear_model import LogisticRegression
clf_lr = LogisticRegression(solver = 'lbfgs')
model = clf_lr.fit(X_train, y_train)

model = tf.keras.models.Sequential([
  tf.keras.layers.Flatten(input_shape=(28, 28)),
  tf.keras.layers.Dense(128, activation='relu'),
  tf.keras.layers.Dropout(0.2),
  tf.keras.layers.Dense(10)
])
model.compile(optimizer='adam', \
    loss=tf.keras.losses.SparseCategoricalCrossentropy(from_
    logits=True),\
            metrics=['accuracy'])


history = model.fit(x_train, y_train, \
                    batch_size=64, \
                    epochs=5, \
                    validation_split=0.2)
```

定义逻辑回归模型

定义 Keras 深度学习模型的第一部分：定义层

定义 Keras 深度学习模型的第二部分：设置编译参数

拟合 Keras 深度学习模型

图 5.17 显示了 MNIST 顺序 API 模型中 plot_model 函数的输出情况。

与顺序 API 相比，Keras 函数 API 具有更复杂的语法，但也提供了更为强大的灵活性。尤其是，函数 API 允许你定义包含多个输入的模型。本书中的扩展示例就使用了函数 API，因为它需要多个输入，见 5.13 节。

代码清单 5.5 中的代码来自 keras_functional_api_mnist.py。它改编自 https://www.tensorflow.org/guide/keras/functional。该代码展示了如何使用 Keras 函数 API 来定义针对 MNIST 问题的简单深度学习模型，其与顺序 API 解决的问题一样。

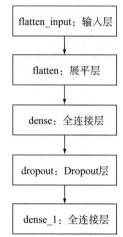

图 5.17　Keras 模型中简单顺序 API plot_model 的输出

代码清单 5.5　使用 Keras 函数 API 的 MNIST 模型的代码

定义层，将输入张量展平为包含相同数量元素的 1 维张量

Dense 层，用于执行标准操作，以获取输入到该层的节点与权重的乘积，再加上偏移量

Dropout 层，随机关闭神经网络的一部分

输出 Dense 层

```
import numpy as np
import tensorflow as tf
from tensorflow import keras
from tensorflow.keras import layers

inputs = keras.Input(shape=(784,))
flatten = layers.Flatten(input_shape=(28, 28))
flattened = flatten(inputs)
dense = layers.Dense(128, activation='relu')(flattened)
dropout = layers.Dropout(0.2)(dense)
outputs = layers.Dense(10)(dropout)

# define model inputs and outputs (taken from layer definition)
```

```
model = keras.Model(inputs=inputs, outputs=outputs, \
name='mnist_model')
(x_train, y_train), (x_test, y_test) = keras.datasets.mnist.load_data()

x_train = x_train.reshape(60000, 784).astype('float32') / 255
x_test = x_test.reshape(10000, 784).astype('float32') / 255

# compile model, including specifying the loss function, \
optimizer, and metrics

model.compile(loss=keras.losses.SparseCategoricalCrossentropy( \
from_logits=True), \
    optimizer=keras.optimizers.RMSprop(), \
    metrics=['accuracy'])
# train model

history = model.fit(x_train, y_train, \
                    batch_size=64, \
                    epochs=5, \
                    validation_split=0.2)

# assess model performance

test_scores = model.evaluate(x_test, y_test, verbose=2)
print('Test loss:', test_scores[0])
print('Test accuracy:', test_scores[1])
```

编译模型，指定损失函数、优化函数，以及训练过程中需要跟踪的度量指标

调整权重以最小化损失函数，从而拟合模型(为训练集设置参数，例如批次大小、迭代次数，并使用训练集的子集来进行验证等)

评估模型的性能

你可以看到，顺序 API 和函数 API 在解决该问题上具有很多相似之处。例如，损失函数的定义方式相同，编译和拟合语句也相同。顺序 API 和函数 API 之间的区别在于对层的定义。在顺序 API 中，层是在单个列表中定义的；而在函数 API 中，层则是递归定义的，每个层都建立在之前的层上。

图 5.18 显示了该简单的函数 API Keras 模型的 plot_model 的输出情况。

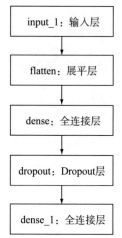

图 5.18　Keras 模型中简单函数 API plot_model 的输出

　　本节研究了几个简单的 Keras 模型，并讨论了 Keras 中提供的两种方法——顺序 API 和函数 API 的基本特征。在 5.13 节中，你还将看到，有轨电车延误预测模型是如何利用函数 API 的灵活性的。

5.11　数据结构是如何定义 Keras 模型的

　　在第 3 章中，你已经了解到，结构化数据集中的列可被分为分类型、连续型，以及文本型(如图 5.19 所示)。

	分类型			分类型		分类型	连续型		分类型	
	Report Date	Route	Time	Day	Location	Incident	Min Delay	Min Gap	Direction	Vehicle
0	2014-01-02	505	06:31:00	Thursday	Dundas and Roncesvalles	Late Leaving Garage	4.0	8.0	E/B	4018.0
1	2014-01-02	504	12:43:00	Thursday	King and Shaw	Utilized Off Route	20.0	22.0	E/B	4128.0
2	2014-01-02	501	14:01:00	Thursday	Kingston road and Bingham	Held By	13.0	19.0	W/B	4016.0
3	2014-01-02	504	14:22:00	Thursday	King St. and Roncesvalles Ave.	Investigation	7.0	11.0	W/B	4175.0
4	2014-01-02	504	16:42:00	Thursday	King and Bathurst	Utilized Off Route	3.0	6.0	E/B	4080.0

图 5.19　有轨电车数据集中的列类型

- *连续型*——列中的值为数字。常见的连续型值示例包括温

度、货币值、时间跨度(例如过去了多少小时)以及对象或者
活动的计数。在有轨电车示例中，最小延迟和最小间隔(包
含由延迟造成的延迟分钟数的列，以及延迟导致的有轨电车
之间的间隔分钟数的列)列都是连续型数据。此外，从位置
列派生出来的经度和纬度值也被视为连续型列。

- *分类型*——值可以是单个的字符串，如星期几，也可以是构
  成标识符的一个或者多个字符串的集合，如美国各州的州名
  等。分类型列中的不同值的个数，从两个到数千个不等。有
  轨电车数据集中的大多数列都是分类型列，包括路线、日、
  位置、事件、方向以及车辆。

- *文本型*——字符串的集合。

我们需要按照上述标准对输入数据集中的列进行分类，因为列
的类别定义了本书所描述的深度学习方法是如何组织深度学习模型
的代码的。Keras 模型中的图层就是基于这些列的类别而构建的，每
个类别都有其自己的图层结构。

下面的两张图展示了为分类型列和文本型列构建的图层结构。
图 5.20 展示了为分类型列构建的图层。

- *嵌入(Embedding)*——如 5.12 节所述，在模型作出整体预测的
  情况下，嵌入为模型提供了一种学习分类型列中值之间关系
  的方法。

- *批量归一化(Batch normalization)*——这是一种通过控制隐
  藏层的权重变化量来防止过拟合(即模型在训练集上运行良
  好，但是在其他数据集上则表现不佳)的方法。

- *展平*——调整输入层的形状，以便为后继图层作好准备。

- *Dropout*——使用此技术可防止过拟合现象。顾名思义，如
  果你使用了 Dropout，那么在网络中进行正向或者反向传播
  时，网络中部分旋转节点将被随机忽略。

- *串联*——将输入图层与其他输入图层连接在一起。

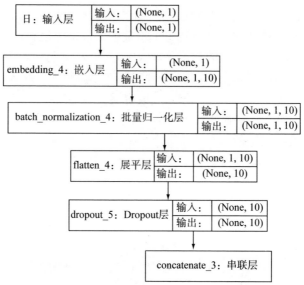

图 5.20　为分类型数据创建的 Keras 图层

　　图 5.21 展示了为文本型列构建的图层。除了分类型列的图层，文本型列还有 GRU 图层。所谓 GRU(https://keras.io/api/layers/recurrent_layers/gru)其实是一种循环神经网络(Recurrent Neural Network，RNN)，是一种通常用于文本处理的深度学习模型。使 RNN 与其他神经网络分开的是门。门能控制之前的输入在多大程度上能影响到当前的输入对模型权重的改变。有趣的是，对于这些门的操作(从之前的输入中记住了多少)，其学习方式与网络中一般权重的获取方式相同。将这样的层添加到文本型列的图层当中，在较高的层次上意味着，文本型列中的单词顺序(不只是单个的单词)有助于模型的训练。

　　本节已经讨论了在处理分类型列和文本型列时要添加到深度学习模型中的图层。那么连续型列呢？这样的列不需要任何特殊的额外图层，直接输入模型即可。

　　本节简要介绍了深度学习模型中为结构化数据集中三种不同类别的列所建立的图层：连续型、分类型以及文本型。5.13 节将详细介绍实现这些图层的代码。

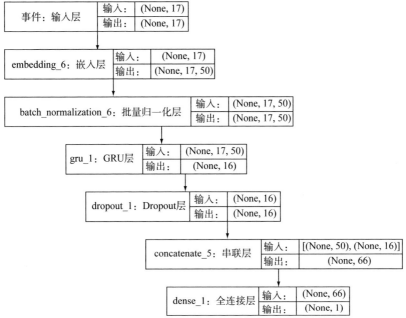

图 5.21　为文本型列创建的 Keras 图层

5.12　嵌入的力量

　　5.11 节介绍了为结构化数据集中的每种类别的列定义的图层。尤其是，你可能注意到了，分类型列和文本型列都使用了嵌入层。本节将研究嵌入层及其用法。第 7 章中的一个实验将带你回顾嵌入的力量，该实验演示了分类型列的嵌入对模型性能的影响。

　　嵌入这一概念源自自然语言处理领域。在该领域中，使用嵌入将单词映射为数字表示。嵌入是本书的重要主题之一，因为如果深度学习模型要利用结构化数据集中的分类型列和文本型列，就必须依赖嵌入。当然，本书不会详尽描述嵌入(尽管该主题确实值得一书)的方方面面，但是本节将介绍嵌入的概念，以及结构化数据的深度学习项目需要嵌入的原因。要了解关于文本型列嵌入的更详细的内容，可参考 Stephan Raaijmakers 的《面向自然语言处理的深度学习》(http://mng.bz/ 2WXm)中的相关章节。

http://mng.bz/1gzn 上的一篇出色的文章指出，嵌入是*分类型值的表示形式，是可学习的、低维度的连续向量*。其实这一句话中包含了很多信息。下面来逐个看一下。

- *分类型值的表示形式*——回顾一下第 3 章中分类型值的定义：这些值可以是单个的字符串，如星期几，或者是构成标识符的一个或多个字符串的集合，如美国各州的州名。分类型列中不同值的数量，从两个到数千个不等。有轨电车数据集中含有与之存在关联的嵌入的列包括：路线、日、位置、事件、方向以及车辆等分类型列。

- *可学习的*——就像第 1 章中介绍的深度学习模型的权重一样，嵌入的值也需要学习。嵌入的值在模型训练之前需要初始化，然后通过深度学习模型的迭代进行更新。其结果是，在学习了嵌入之后，趋于产生相同结果的分类型值，其嵌入也相互接近。可将星期几(周一至周日)的上下文视作有轨电车延误数据集的派生特征。如果假设周末很少出现延迟，那么在这种情况下，星期六和星期日所学习的嵌入将更接近彼此，而与工作日学习的嵌入差异大些。

- *低维度*——该术语表示嵌入向量的维度比分类型值的数量低。在为本书的主示例创建的模型中，路线列具有 1 000 多个不同的值，但嵌入的维度则为 10。

- *连续*——此术语表明嵌入的值由浮点数表示，而不是代表分类型值本身的整数。

嵌入的著名例证(https://arxiv.org/pdf/1711.09160.pdf)展示了嵌入是如何捕获与其关联的分类型值之间的关系的。下面的公式也显示了与 Word2Vec(http://mng.bz/ggGR)中的 4 个单词相关的向量之间的关系：

$$v(\text{国王}) - v(\text{男人}) + v(\text{女人}) \approx v(\text{王后})$$

意思就是，国王的嵌入向量减去男人的嵌入向量，再加上女人的嵌入向量，就接近王后的嵌入向量。在该示例中，嵌入的算术处理与嵌入相关联的词语之间的语义关系是匹配的。同时，该示例展示了将非数字型分类值映射到平面空间的嵌入能力，然后可像操作数字一样在平面空间中处理这些值。

嵌入的另外一个好处就是，它们可用来说明分类型值之间的隐式关系。在解决有监督的学习问题时，你还可免费获得类别的无监督学习分析结果。

嵌入的最后一个好处是，它们能为你提供一种将分类型值合并到深度学习框架中的方法，且不会引入一键编码(http://mng.bz/P1Av)的缺点。在一键编码中，如果有 7 个值(如一周中的某一天)，则每个值都由大小为 7 的向量表示，该向量包含 6 个 0 和 1 个 1。

- 周一：[1,0,0,0,0,0,0]
- 周二：[0,1,0,0,0,0,0]
- ……
- 周日：[0,0,0,0,0,0,1]

可见，在结构化数据集中，对星期几的类别的一键编码将需要 7 列，这对于包含少量值的分类型列来说还不算太糟。但是，如果是包含数百个值的车辆列呢？你可看到一键编码如何导致数据集中列数的激增，以及数据处理对内存需求的快速增长。通过深度学习中的嵌入，可处理分类型列，而不会出现一键编码相关的不良放大行为。

本节简述了嵌入这一主题。使用嵌入的好处包括：能操作类似于普通数值运算的非数字值；能对分类范围内的值进行无监督学习类型分类，且能解决有监督学习问题；在训练包含分类型输入的深度学习模型时，不会带来一键编码的各种缺点。

5.13　基于数据结构自动构建 Keras 模型的代码

Keras 模型由一系列层构成，输入列经过这一系列的层，进而生成给定路线/方向/时隙组合的延迟预测结果。图 5.22 展示了输入列流经的各个层，具体则取决于这些列的数据类别(连续型、分类型或者文本型)，以及每个类别中的数据示例。要了解这些层相关的选项，可参考 5.14 节。

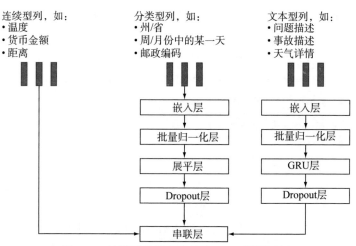

图 5.22　按照列的类别流经的 Keras 图层示例

下面的代码清单 5.6 展示了将每一列分配给不同类别的代码。

代码清单 5.6　将列分配给不同类别的代码

重构模型中的文本型列集合为空

重构模型中的连续型列集合为空

```
textcols = []
continuouscols = []
if targetcontinuous:
excludefromcolist = ['count','Report Date', 'target', \
    'count_md','Min Delay']
else:
```

Excludefromcolist 指的是不会用来训练模型的列的集合

```
excludefromcolist = ['count','Report Date', \
➥ 'target','count_md', 'Min Delay']
nontextcols = list(set(allcols) - set(textcols))
collist = list(set(nontextcols) - \
set(excludefromcolist) - set(continuouscols))
```

collist 是分类型列的列表。在这里，它是通过获取所有列的列表，并删除文本型列、连续型列，以及不会用来训练模型的列而生成的

这些列的列表(textcols、continuouscols 以及 collist)用于整个代码中，以确定要对这些列执行哪些操作，包括如何为训练模型的每一列构建深度学习模型相应的图层。下面的各小节显示了为不同类型的列添加的图层。

下面的代码清单 5.7 显示了训练数据被应用于训练模型之前的样子。训练数据是 numpy 数组的列表——在训练数据集中，每列对应一个数组。

代码清单 5.7　用于训练模型之前的数据格式

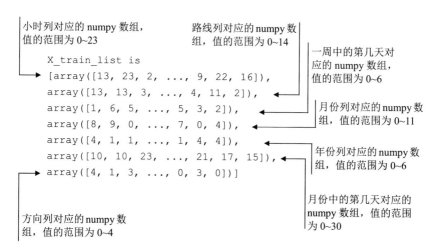

小时列对应的 numpy 数组，值的范围为 0~23

路线列对应的 numpy 数组，值的范围为 0~14

一周中的第几天对应的 numpy 数组，值的范围为 0~6

月份列对应的 numpy 数组，值的范围为 0~11

年份列对应的 numpy 数组，值的范围为 0~6

月份中的第几天对应的 numpy 数组，值的范围为 0~30

方向列对应的 numpy 数组，值的范围为 0~4

若要对处理不同类别的列所需的图层进行组合，可在 streetcar_model_training notebook 中的 get_model()函数之内找到相应的代码。处

理连续型列的 get_model()代码如下，该代码只允许输入层流过如下各层：

```
for col in continuouscols:
        continputs[col] = Input(shape=[1],name=col)
        inputlayerlist.append(continputs[col])
```

在处理分类型列的 get_model()代码块中，可看到这些列还将流经嵌入层和批量归一化层，如下面的代码清单 5.8 所示。

代码清单 5.8　将嵌入层和批量归一化层应用于分类型列的代码

从输入开始

for col in collist:

catinputs[col] = Input(shape=[1],name=col)
inputlayerlist.append(catinputs[col])
embeddings[col] = \
(Embedding(max_dict[col],catemb) (catinputs[col]))
embeddings[col] = (BatchNormalization() (embeddings[col]))

将该列的输入层追加到输入层列表当中，这些输入层将在模型定义语句中使用

添加批量归一化层

添加嵌入层

在处理文本型列的 get_model()代码块中，可看到这些列需要流经嵌入层、批量归一化层、Dropout 层以及 GRU 层，如下面的代码清单 5.9 所示。

代码清单 5.9　将适当的图层应用于文本型列的代码

从输入开始

for col in textcols:
textinputs[col] = \
Input(shape=[X_train[col].shape[1]], name=col)
inputlayerlist.append(textinputs[col])
textembeddings[col] = (Embedding(textmax,textemb) (textinputs[col]))
textembeddings[col] = (BatchNormalization() (textembeddings[col]))
textembeddings[col] = \

将该列的输入层追加到输入层列表中，这些输入层将在模型定义语句中用到

添加嵌入层

添加批量归一化层。默认情况下，样本是被单独归一化处理的

```
Dropout(dropout_rate)( GRU(16,kernel_regularizer=l2(l2_lambda)) \
(textembeddings[col]))
```

添加 Dropout 层和 GRU 层

本节介绍了构成 Keras 深度学习模型的核心代码，以解决有轨电车延误预测问题。你已经了解到，get_model()函数如何根据输入列的类别(连续型、分类型以及文本型)来相应地构建模型的各个图层。get_model()函数不依赖于任何特定输入数据集的表格结构，因此它可用来处理各种输入的数据集。和本示例中的其余代码一样，只要对输入数据集中的列进行了正确的分类，get_model()函数中的代码就能为各种表格结构化数据生成 Keras 模型。

5.14   探索模型

这里创建的用于预测有轨电车延误的模型虽然比较简单，但是如果你之前从未用过 Keras 的话，那么理解起来还是有些难度。幸运的是，你还有一些能检查模型的工具。本节将探讨 3 个用于探索模型的工具：model.summary()、plot_model 以及 TensorBoard。

model.summary() API 列出了模型当中的每个图层、其输出的形状(shape)、参数数量以及输入模型的层。图 5.23 中的 model.summary()显示了日(daym)、年、路线以及小时等几个输入层的相关信息。你可看到 daym 是如何连接到 embedding_1 上的，而 embedding_1 连接到了 batch_normalization_1 上，batch_normalization_1 则又连接到了flatten_1。

在你最初创建 Keras 模型时，model.summary()的输出可帮助你理解各层之间的连接方式，并验证各层之间关系的种种假设。

如果要获得 Keras 模型中各层之间关系的可视化图形，则可使用 plot_model 函数(https://keras.io/visualization)。model.summary()以

表格形式生成模型的有关信息，而 plot_model 生成的文件则以图形的方式说明了相同的内容。model_summary()更易于使用。plot_model 依赖于 Graphviz 包(https://www.graphviz.org，Graphviz 的 Python 实现)，因此你需要完成一些工作才能让 plot_model 在新的环境中发挥作用。但是如果你需要以一种可理解的方式来向广泛的受众解释你的模型的话，那么这样做显然是值得的。

Layer (type)	Output Shape	Param #	Connected to
daym (InputLayer)	(None, 1)	0	
year (InputLayer)	(None, 1)	0	
embedding_1 (Embedding)	(None, 1, 10)	310	daym[0][0]
embedding_2 (Embedding)	(None, 1, 10)	60	year[0][0]
Route (InputLayer)	(None, 1)	0	
batch_normalization_1 (BatchNor	(None, 1, 10)	40	embedding_1[0][0]
batch_normalization_2 (BatchNor	(None, 1, 10)	40	embedding_2[0][0]
embedding_3 (Embedding)	(None, 1, 10)	140	Route[0][0]
hour (InputLayer)	(None, 1)	0	
flatten_1 (Flatten)	(None, 10)	0	batch_normalization_1[0][0]
flatten_2 (Flatten)	(None, 10)	0	batch_normalization_2[0][0]

图 5.23　model.summary()的输出结果

为了让 plot_model 在 Windows 10 环境下工作，需要做的事情如下：

```
pip install pydot
pip install pydotplus
conda install python-graphviz
```

完成这些 Python 库的更新之后，在 Windows 中下载并安装 Graphviz 包(https://graphviz.gitlab.io/download)。最后，为了让 plot_model 在 Windows 环境下工作，还需要更新一下 PATH 环境变量，以指明包含 bin 目录的 Graphviz 安装路径。

下面的代码清单 5.10 显示了 streetcar_model_training notebook 对 plot_model 的调用。

代码清单 5.10　调用 plot_model 的代码

在有轨电车模型训练配置文件中检查
是否设置了 save_model_plot 参数

如果设置了该参数，则继续设置保
存模型图像的文件名及存放路径

```
if save_model_plot:
    model_plot_file = "model_plot"+modifier+".png"
    model_plot_path = os.path.join(get_path(),model_plot_file)
    print("model plot path: ",model_plot_path)
    plot_model(model, to_file=model_plot_path)
```

以模型对象和标准文件名为参
数来调用 plot_model

图 5.24 和 5.25 显示了有轨电车延误预测模型的 plot_model 的输出结果。其中每列对应图层的开端均以数字突出显示。

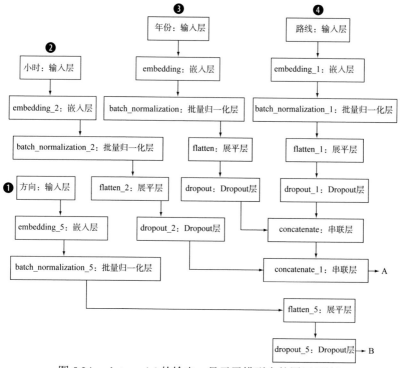

图 5.24　plot_model 的输出，显示了模型中的图层(顶部)

1 方向
2 小时
3 年份
4 路线
5 月份
6 月份中的日(第几天，daym)
7 日

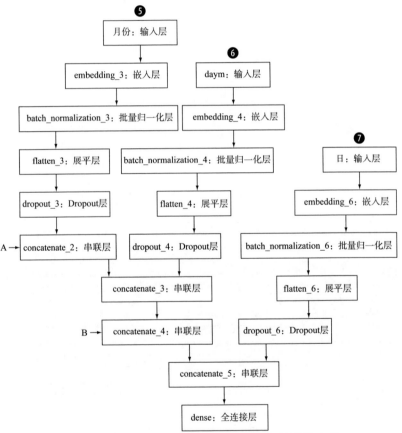

图 5.25　plot_model 的输出，显示了模型中的图层(底部)

图 5.26 突出显示了日这一列的 plot_model 输出结果。

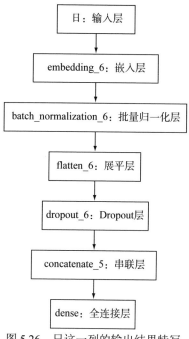

日：输入层

embedding_6：嵌入层

batch_normalization_6：批量归一化层

flatten_6：展平层

dropout_6：Dropout层

concatenate_5：串联层

dense：全连接层

图 5.26　日这一列的输出结果特写

除 了 model.summary() 和 plot_model 之 外 , 还 可 使 用 TensorBoard 这一工具来检查经过训练的模型的特征。TensorBoard (https://www.tensorflow.org/tensorboard/get_started)是 TensorFlow 附 带的一个工具,能让你以图形的方式对模型的指标,如损失和准确 度等进行跟踪,并生成模型的图形。

要在有轨电车延误预测模型中使用 TensorBoard,需要完成如下 步骤。

(1) 导入需要的库:

```
from tensorflow.python.keras.callbacks import TensorBoard
```

(2) 定义对 TensorBoard 的回调,其中包括 TensorBoard 日志的

路径。下面的代码清单 5.11 显示了 streetcar_model_training notebook 中 set_early_stop 函数的代码。

代码清单 5.11　定义回调的代码

如果在 streetcar_model_training 的配置文件中将 tensorboard_callback 参数设置为 True，则为 TensorBoard 定义回调

使用当前日期定义日志文件路径

以日志目录路径作为参数定义 TensorBoard 回调

```
if tensorboard_callback:
        tensorboard_log_dir = \
os.path.join(get_path(),"tensorboard_log", \
datetime.now().strftime("%Y%m%d-%H%M%S"))
        tensorboard = TensorBoard(log_dir= tensorboard_log_dir)
        callback_list.append(tensorboard)
```

将 TensorBoard 回调添加到整个回调列表中。请注意，只有当 early_stop 参数为 True 时，才会调用 TensorBoard 回调

(3) 在 early_stop 参数设置为 True 时训练模型，以便将回调列表(包括 TensorBoard 回调)作为参数纳入其中。

如下面的代码清单 5.12 所示，在使用定义的 TensorBoard 回调训练模型之后，就可在终端使用如下命令来启动 TensorBoard 了。

代码清单 5.12　调用 TensorBoard 的命令

启动 TensorBoard 的命令。logdir 的值对应于 TensorBoard 回调中定义的目录

```
tensorboard --logdir="C:\personal\manning\deep_learning_for_
structured_data\
➥ data\tensorboard_log"
Serving TensorBoard on localhost; to expose to the network,
➥ use a proxy or pass --bind_all
TensorBoard 2.0.2 at http://localhost:6006/ (Press CTRL+C to
quit)
```

该命令返回用于启动 TensorBoard 进行训练的 URL

现在，如果在浏览器中打开了 TensorBoard 命令返回的 URL，

你将看到 TensorBoard 的界面。图 5.27 在 TensorBoard 中显示了有轨电车延误预测的准确度。

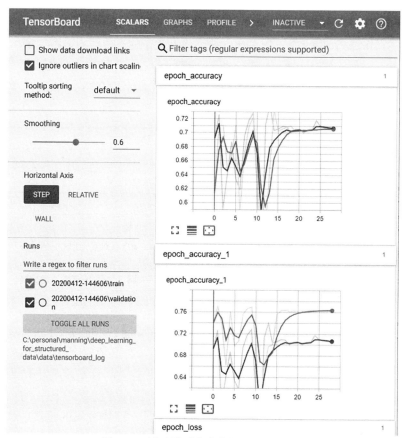

图 5.27　显示模型准确度的 TensorBoard

　　本节介绍了 3 种用于获取模型相关信息的选项：model.summary()、plot_model 以及 TensorBoard。TensorBoard 具有丰富的功能，可用来探索训练过的模型。可在 TensorFlow 官方文档(https://www.tensorflow.org/tensorboard/get_started)中进一步了解关于 TensorBoard 的更多可视化选项。

5.15 模型参数

训练模型的代码中包含一系列的参数,这些参数可用来控制模型的操作及其训练过程。图 5.28 总结了这些参数的有效值和用途。当然,本书不会详细说明所有标准参数(包括学习率、损失函数、激活函数、批次大小以及训练次数等),不过你可在 http://mng.bz/Ov8P 上找到关于深度学习关键超参的一些概括性的内容。

参数名称	有效值	用途
learning_rate	正浮点数	控制权重改变的比例
l2_lambda,dropout_rate	正浮点数	控制过拟合
loss_func	损失函数名称	指定训练中的优化函数
output_activation	激活函数名称	指定输出
BATCH_SIZE	正整数	在每次权重更新时控制处理的记录数量
epochs	正整数	控制对数据集的训练迭代次数

图 5.28 可在代码中设置的用来控制模型及其训练过程的参数

上述参数在配置文件 streetcar_model_training_config.yml 中进行定义。第 3 章介绍了使用 Python 配置文件的方法,此种方法可将硬编码的值保存在代码之外,使调整参数的速度更快,且更不易出错。http://mng.bz/wpBa 上的这篇出色的文章很好地描述了配置文件的价值。

在进行迭代训练时,你几乎不必修改图 5.28 中列出的参数。这些参数控制着如下内容。

● *学习率*,用于控制模型训练期间每次迭代时权重的变化量。如果学习率太高,则模型可能会跳过最佳权重;而如果学习率太低,那么模型达到最佳权重的进度可能会非常慢。在代码中设置的初始学习率应该够用,但是你可对其进行调整,以查看它对模型的训练进度产生了怎样的影响。

● *Dropout 率*,用于控制迭代训练中忽略的网络比例。如 5.11 节所述,一旦你设置了 Dropout,那么在正向和反向传播的过程中,网络中节点的随机子集将会被忽略,以减少过拟合现象。

- *L2_lambda*,用于控制 GRU RNN 层的正则化。该参数只影响文本型输入列。正则化可约束模型中的权重,以减少过拟合现象。通过减小权重,正则化可防止训练集中特定特征对模型造成过大影响。可将正则化理解为使模型更加保守(https://arxiv. org/ftp/arxiv/papers/2003/2003.05182.pdf)或者更简单的一种处理手段。

- *损失函数*,由模型进行优化的函数。模型可对此函数进行优化,以获得最佳的预测结果。http://mng.bz/qNM6 上详尽地描述了如何选择损失函数。有轨电车延误模型需要预测的是二进制结果(特定行程是否延误),因此 binary_crossentropy 就是默认的损失函数。

- *激活函数*,模型最终层的函数,用于生成最终的输出结果。其默认设置 hard_sigmoid 将生成 0~1 的输出结果。

- *批量大小*,在模型更新之前需要处理的记录数量。不必更新这一设置。

- *迭代次数*,训练样本完整的训练次数。你可对该值进行调整。可从较小的值开始,以获得初始结果,然后,如果你想看到更好的结果,则可增加该值。根据运行一次迭代训练所需的时间,你需要在迭代次数和运行时间之间寻求平衡。

对于定义损失函数和激活函数的两个参数,《Python 深度学习》也包含相关的内容(http://mng.bz/7GX7),该书更为详细地描述了这些参数,以及与这些选项的用法相关的各种问题。

5.16　本章小结

- 构成深度学习模型的代码看起来似乎有些古板,但它却是完整的解决方案的核心。解决方案一端是原始的数据集,另外一端则是已部署的经过训练的模型。

- 在使用结构化数据训练深度学习模型之前，需要确保训练模型所使用的全部列都能在评估时使用。如果使用了模型预测时无法获得的数据来训练模型，那么你可能会得出过分乐观的模型训练效果，以致模型无法生成有价值的预测。

- Keras 深度学习模型需要在格式化为 numpy 数组列表的数据上进行训练，因此需要将数据集从 Pandas 数据帧转换为 numpy 数组列表。

- TensorFlow 和 Keras 最初是互相独立而又存在关联的两个项目。从 TensorFlow 2.0 开始，Keras 成为了 TensorFlow 的官方高级 API，其推荐的库也被打包成了 TensorFlow 的一部分。

- Keras 的函数 API 结合了易用性和灵活性，因此本章将它用作有轨电车延误预测模型的 API。

- 有轨电车延误预测模型中的各层是根据列的类别自动生成的：连续型、分类型以及文本型。

- 嵌入是一个功能强大的概念，源自自然语言处理领域。通过嵌入，可将向量与非数字值(如分类型列中的值)进行关联。使用嵌入的好处包括：能以类似于普通数字操作的方式来操纵非数字值；能对分类范围内的值进行无监督学习的类型分类，同时可解决有监督学习问题；避免一键编码(将数字值分配给非数字标记的一种常见方法)的缺点。

- 可使用多种方法来探索 Keras 深度学习模型，包括 model. summary()(用来生成表格型视图)、plot_model(用于生成可视化视图)以及 TensorBoard(用于生成交互式仪表板)。

- 可通过一组参数来控制 Keras 深度学习模型的行为及其训练过程。对于有轨电车延误预测模型，可在 streetcar_model_ training_config.yml 配置文件中对这些参数进行定义。

第 **6** 章

模型训练与实验

本章涵盖如下内容：
- 审核端到端的训练过程
- 为训练、验证以及测试选择数据集的子集
- 进行初始训练
- 度量模型性能
- 利用 Keras 的提前停止特性来优化训练时间
- 评估捷径
- 保存已训练的模型
- 执行一系列训练实验来提升模型性能

到目前为止，本书已经带你准备好了数据，并检查了构成模型本身的代码。现在我们终于可以训练模型了。本章先介绍一些相关的基础知识，包括如何选择训练、测试，以及验证数据集，然后带你开始进行第一次训练，以验证代码是否能正常运行，并介绍与监控模型性能相关的关键主题；接下来将展示如何利用 Keras 的提前

停止特性来使训练的价值最大化。之后，本章将在教你部署模型之前，介绍如何使用已训练的模型对新的记录进行评估。最后，我们还将进行一系列的实验，以提升深度学习模型的性能。

6.1　训练深度学习模型的代码

在复制了与本书相关的 GitHub 内容(http://mng.bz/v95x)之后，你将在 notebooks 子目录中找到与训练模型相关的代码。下面的代码清单 6.1 显示了包含本章所述代码的文件。

代码清单 6.1　与训练模型相关的代码

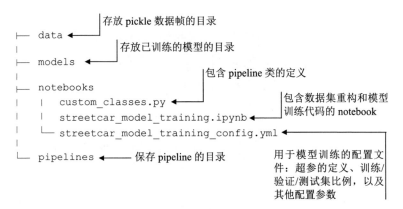

6.2　审核训练深度学习模型的过程

如果你已经训练过经典机器学习模型，那么你应该熟悉深度学习模型的训练过程。训练经典机器学习模型的内容超出了本书的范围，但是 Alexey Grigorev 的《机器学习图书训练营》(曼宁出版社，2021 年)在关于模型训练过程的章节(http://mng.bz/Qxxm)中对此作了精彩而详尽的讲解。

在训练深度学习模型时，需要迭代更新与每个节点相关的权重，直到损失函数最小化，并且模型的预测性能得到优化。请注意，默认情况下，权重值是随机初始化的。

接下来考虑一下训练机器学习模型的高级步骤。

- *定义用于训练、验证以及测试的数据集子集*。除了用于训练模型的数据子集之外，我们还需要保留一个不同的子集，用于验证(检查训练进行时训练过程的性能)及测试(检查训练结束后训练过程的性能)，而且有必要维护训练中未使用的数据子集以检查模型的性能。假设你将所有可用的数据都拿来训练模型，而没有保留用于测试的数据。那么在模型训练完毕之后，如何根据之前从未见过的数据来进行预测，从而了解模型的准确度？如果没有验证数据集来跟踪训练期间的模型性能，那么在部署模型之前，你将无法了解模型的性能。

- *运行初始训练以验证功能*。第一次运行将确保模型代码在功能方面正确无误，不会引起任何直接的错误。本书描述的 Keras 深度学习模型很简单。但是即便如此，该模型还是经过了几次迭代才顺利完成第一次运行。因为需要解决如何定义输入数据的末级，以及如何组织模型中各个图层的问题。让模型完成一次小小的初始训练(基于训练数据的一次迭代)，是对模型进行训练的必经之路。

- *进行迭代训练*。检查模型的性能并进行调整(调整超参、包括迭代次数等)，以获取模型的最佳性能。在完成初始训练并确定模型的代码可正常运行之后，需要重复试验以观察模型的行为，并查看可进行哪些调整以提升性能。这些迭代试验(如 6.11 节将要描述的实验)会涉及一定量的反复试验。

  当开始训练深度学习模型时，你可能想进行多次迭代训练(期望运行足够长的时间，模型会找到最佳状态)，或同时改变多个超参(如学习率或批量大小)，以期找到超参设置的黄金组合，从而提升模型的性能。强烈建议你慢慢开始。从少量的迭代次数和训练集的子集开始，以便你快

速完成大量的训练。请注意，对于有轨电车延误预测模型
而言，训练集并不是很大，因此这里从一开始就可对整个
训练集进行训练，并且可在不到 5 分钟的时间内在标准的
Paperspace Gradient 环境中完成 20 次迭代训练。

　　随着模型性能的提升，可在更长的时间内运行更多次迭
代，以观察通过训练数据进行的其他迭代是否能改善性能。
强烈建议你一次只调整一个超参。

- *基于最佳训练保存模型*。6.9 节将介绍在完成训练之后如何
显式保存训练后的模型。但是，随着训练时间和训练次数的
不断增长，你可能会发现模型并不是在最后一次训练后达到
了最佳性能。那么，如何确保经过某次迭代训练后达到最佳
性能的模型能被保存下来？6.7 节将介绍如何使用 Keras 中
的回调工具在训练运行期间定时保存模型，并在模型性能不
会再提升时终止训练。使用此工具，就可进行长时间的训练，
并确保在运行结束时保存了性能最佳的模型，即使模型在训
练过程中获得了最佳性能，也能自动保存下来。

- *使用测试数据集验证已经训练的模型，并为至少一个新的数
据点进行评估*。可将已经训练的模型应用于新的数据点并检
查其结果，从而对将在第 8 章中描述的模型部署进行早期验
证。可将这种早期验证视作对模型部署进行的彩排。彩排是
演员和工作人员在面对现场观众之前模拟表演步骤的一种
方式，因此将单个数据点应用于经过训练的模型，也就是在
模型部署之前进行验证的一种方法。

　　6.8 节将描述如何将模型应用于整个测试集，以及如何
使用原始数据集之外的新数据点来验证模型，从而在早期
就了解模型部署时的行为。这两项活动是相关的，但是目
标有所不同。将模型应用于测试集，你就能根据可用的数
据集来获得最佳的性能感，因为你正在使用训练过程中未
曾涉及的数据来运行模型。

　　相比之下，一次性评估，或者使用原始数据集之外的新

数据进行评估，将会让你像运行经过部署的模型一样运行
训练后的模型。但你不必完成模型部署所需的所有工作。
一次性评估行为可让你快速地了解模型部署时的行为，并
在模型部署之前帮助你预测和纠正可能出现的问题(如在评
估时发现数据不可用等问题)。

上述步骤在深度学习和经典机器学习上颇为常见。其关
键区别在于深度学习模型需要跟踪和维护的超参数量。可
回顾一下第 5 章中提到的超参列表(图 6.1)，哪些是深度学
习模型所独有的？

参数名称	有效值	用途
learning_rate	正浮点数	控制权重改变的比例
l2_lambda，dropout_rate	正浮点数	控制过拟合
loss_func	损失函数名称	指定训练中的优化函数
output_activation	激活函数名称	指定输出
BATCH_SIZE	正整数	在每次权重更新时控制处理的记录数量
epochs	正整数	控制对数据集的训练迭代次数

图 6.1 超参列表

在上述超参中，如下两个是深度学习所独有的：

● dropout_rate——该参数主要与深度学习相关，因为它通过
关闭网络中的随机节点子集来控制过拟合现象。其他类型
的模型使用 dropout 来控制过拟合现象。XGBoost(极端梯
度提升，http://mng.bz/8GnZ)模型也可使用 dropout(请参考
https://xgboost.readthedocs.io/en/latest/parameter.html 中的 Dart
booster 参数)。但是控制过拟合的 dropout 方法在深度学习
模型上更为常用和普遍一些。

● output_activation——该参数特定于深度学习，因为它被用来
控制深度学习模型最后一层应用的函数。该参数比函数参数
的功能要弱，也不是调优参数(控制模型的性能)，因为它是

用来控制模型行为的。可设置输出激活函数，使模型产生二进制结果(例如，有轨电车延误预测模型可预测特定的有轨电车旅程是否会出现延误情况)，预测一组结果中的一个，或者是连续值。

其他参数则是深度学习和某些经典机器学习算法所共有的。请注意，在该模型的训练过程中，我手动调整了超参。也就是说，此处进行了重复试验，每次调整一个超参，直到获得足够的结果为止。这样的学习过程很棒，因为我们能密切观察超参变化(如调整学习率)带来的影响。但是，对于关键业务型模型，手动调整超参并不现实。下面列出了一些很好的资源，它们能教你如何采用更有条理的方式来进行超参调整：

- Henrik Brink 等人合著的《真实世界中的机器学习》(曼宁出版社，2016 年)中的一个章节描述了网格搜索基础(http://mng.bz/X00Y)知识，该方法将搜索每个超参的可能值的组合，并根据该组合来评估模型的性能，以找到一个最佳的超参组合。

- http://mng.bz/yrrJ 上的文章则建议使用端到端的方法对 Keras 模型进行超参调整。

6.3　回顾有轨电车延误预测模型的总体目标

在进入训练模型的步骤之前，先回顾一下有轨电车延误预测模型的总体目标。本示例想预测给定的有轨电车行程是否会遇到延误情况。请注意，该模型并不是要预测延迟的时间，而只是预测是否会有延迟情况发生。让模型只预测是否会出现延误情况而不预测延迟时间的原因如下。

- 从模型中获得有轨电车延迟时间的预测(线性预测)的早期实验其实并不成功。可能是数据集太小，以至于模型没有足够的机会来获取此特定的信号。

- 从用户的角度来考虑,是否出现延迟可能比延迟持续的时间更为重要。只要延迟超过了 5 分钟,就值得去考虑其他替代的出行方式了,例如步行、乘坐出租车或者是其他交通工具等。因此,为简便起见,对于用户而言,利用该模型进行的二进制型预测,即延迟/无延迟,比预测延迟时间的线性预测更有价值。

现在我们已经回顾了模型将要预测的内容,下面来看一个关于用户体验的具体示例。假设用户能获得此模型来预测现在从有轨电车的皇后大道西行线开始的行程是否会出现延误情况,下面来看一下可能会出现的结果。

- *模型预测无延迟,实际上也没有延迟*。得出了这个结果,模型的预测可与现实世界中发生的事情匹配上。这样的结果被称为真负值,因为模型预测该事件(皇后大道西行路线出现延迟)不会发生,而实际上确实也没有发生:没有出现延迟。

- *模型预测无延迟,但实际上出现了延迟*。得出了这个结果,模型的预测与现实世界中的情况不符。这样的结果被称为假负值。由于模型预测该事件(皇后大道西行路线出现延迟)不会发生,但实际上发生了:行程出现了延迟。

- *模型预测有延迟,但实际上没有延迟*。得出了这个结果,模型的预测与现实世界中的情况不符。此结果被称为假正值,因为模型预测该事件(皇后大道西行路线出现延迟)将会发生,但是实际上没有发生:没有出现延迟。

- *模型预测有延迟,实际上也出现了延迟*。得出了这个结果,模型的预测可与现实世界中发生的事情匹配上。这样的结果被称为真正值,因为模型预测该事件(皇后大道西行路线出现延迟)会发生,而实际上确实发生了:行程出现了延迟。

图 6.2 汇总了上述 4 种输出结果。

真负值	假正值
实际输出：无延迟	实际输出：无延迟
预测输出：无延迟	预测输出：延迟
假负值	真正值
实际输出：延迟	实际输出：延迟
预测输出：无延迟	预测输出：延迟

图 6.2　有轨电车延误预测的 4 种可能的结果

　　对于上述 4 个可能的结果，真正值和真负值的比例显然越高越好。但是，在对模型进行迭代训练时，我们看到了假正值和假负值在数量上的权衡。考虑一下 6.10 节中的实验 1，不对模型进行任何调整，以解决训练数据集中的不平衡问题。延误情况出现得很少，在训练数据集所有路线/方向/时隙的组合中，只有约 2%的时间发生了延误事件。如果不考虑数据集中的这种不平衡现象，那么训练过程(实验 1 中准确度最优化)将为模型生成权重，导致训练后的模型始终预测无延迟。这样的模型将具有极高的准确度：超过 97%。但是这样的模型对用户毫无用处，因为它永远都不会预测延迟。尽管延迟情况不太常见，但是用户需要知道何时可能会发生延迟，从而对自己的行程作出调整。

　　图 6.3 显示了将模型应用于测试数据集上而进行实验 1 的结果：真正值数量为 0，假负值数量极大。

真负值	假正值
实际输出：无延迟	实际输出：无延迟
预测输出：无延迟	预测输出：延迟
实验 1 结果计数：500 000	实验 1 结果计数：0
假负值	真正值
实际输出：延迟	实际输出：延迟
预测输出：无延迟	预测输出：延迟
实验 1 结果计数：11 000	实验 1 结果计数：0

图 6.3　实验 1 中将测试集用于经过训练的模型所得到的结果

在进行 6.10 节中的实验时，你会发现可能需要在假正值和假负值之间进行权衡。随着假负值的数量(有延迟，而模型没有预测到延迟的次数)减少，假正值的数量(没有延迟，而模型预测到延迟的次数)会增加。显然，模型的假负值和假正值比例越低越好。但是，如果必须要在假负值和假正值之间进行权衡的话，那么对用户而言，最佳的结果应该是什么样的？最糟糕的结果是该模型从来不会预测延迟，结果却发生了延迟。换言之，对于用户来说，最糟糕的结果就是假负值。对于假正值，如果用户听取了模型的建议并选择步行或者打出租，以避免其实不会发生的延迟情况，用户依然有很大的机会准时到达目的地。但是，如果是假负值，而用户又听从了模型的预测建议，乘坐了有轨电车，用户就会错过采用其他通行方式的机会，并面临迟到的风险。

6.6 节将介绍如何使用两个指标来把模型引往正确的总体目标：

- *召回率*——真正值/(真正值 + 假负值)
- *验证准确度*——模型在验证数据集上得到正确预测的比例

现在我们已经回顾了有轨电车延误预测模型训练过程的总体目标，并确定了什么样的结果对用户来说最重要。接下来可回到模型的训练步骤了，首先需要选择用于训练、验证以及测试的数据子集。

6.4 选择训练、验证以及测试数据集

本书使用的原始数据集中的记录不到 10 万条。不过，通过第 5 章中描述的重构，可将这些记录扩充到超过 200 万条。如 6.2 节所述，需要将数据集划分为如下子集，以便利用数据集中的记录对模型的性能进行评估。

- *训练*——用于对模型进行训练的数据子集。
- *验证*——也是数据集的子集，用于在训练模型时对模型的性能进行跟踪。

- *测试*——训练过程未使用的数据子集。将经过训练的模型应用于测试子集，从而用模型从未见过的数据对模型进行最终验证。

应该为每个子集分配多少比例的数据？本书将 60%的数据用于模型训练，而验证和测试各使用 20%的数据。这样的比例设置使模型能使用足够大的训练集，从而在训练过程中有足够的机会来提取信号，并能获得不错的性能表现。同时可保证验证和测试都有足够的数据，可对模型在训练过程中未曾见过的数据进行测试。当然，70/15/15也是一个合理的选择。对于少于百万记录的数据集，验证和测试的数据比例应该不低于 10%，以确保有足够的数据来跟踪训练迭代过程(验证集)中模型的性能，并且还有数据(测试集)可用于训练后的模型，以确保模型在处理从未见过的数据时，依然有良好的性能表现。

6.5　初始训练

在进行调整以优化训练过程之前，我们需要先进行一次初始训练，以确保代码的所有功能都能正常运行。在初始训练中，不必尝试获得极高的准确度，或者将假负值降至最低。在后面的训练中，才需要真正关注模型的性能。对于初始训练，只需要确认代码是否能正常工作——从头执行到尾而不会产生错误。

对于模型的初始训练，可运行 streetcar_model_training notebook，并使用包含超参和其他配置设置的配置文件。这些设置都是默认设置。下面的代码清单 6.2 显示了配置文件中的键值对。

代码清单 6.2　配置文件中定义的关键参数

```
test_parms:                              为测试保留的数
    testproportion: 0.2  ◄────────────   据集的比例
    trainproportion: 0.8
    current_experiment: 0  ◄──────────
hyperparameters:                         通过不同的实验编号来设置不同的参
    learning_rate: 0.001                 数组合，包括训练的次数以及是否使用
                                         提前停止特性等
```

```
dropout_rate: 0.0003
l2_lambda: 0.0003
loss_func: "binary_crossentropy"
output_activation: "hard_sigmoid"
batch_size: 1000
epochs: 50
```

下面的代码清单 6.3 显示了实验编号为 0(初始训练)时的参数设置。

代码清单 6.3　实验 0 参数设置

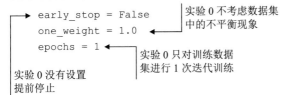

```
early_stop = False        实验 0 不考虑数据集
one_weight = 1.0          中的不平衡现象
epochs = 1
                          实验 0 只对训练数据
实验 0 没有设置            集进行 1 次迭代训练
提前停止
```

下面的代码清单 6.4 是触发模型训练的代码块。

代码清单 6.4　触发模型训练的代码

调用构建模型的函数,
如第 5 章所述
```
model = get_model()
if early_stop:
modelfit = model.fit(X_train_list, dtrain.target, epochs=epochs, \
    batch_size=batch_size, validation_data=(X_valid_list, \
dvalid.target), class_weight = {0 : zero_weight, 1: one_weight}, \
verbose=1,callbacks=callback_list)
else:
    modelfit = model.fit(X_train_list, dtrain.target,
epochs=epochs, \
    batch_size=batch_size, validation_data=(X_valid_list, dvalid.target), \
    class_weight = {0 : zero_weight, 1: one_weight}, verbose=1)
```

在实验 0 中 early_stop 被设置为 False,
因此这里调用了 fit 语句

下面仔细看一下模型的 fit 语句，如图 6.4 所示。

- 设置了训练使用的训练集及其标签(目标)。
- 也设置了用于验证的验证集及其标签(目标)。
- 数据集是偏斜的(没有出现延迟的路线/方向/时隙组合要比出现延迟的情况多得多)，因此这里使用 Keras 工具将权重应用于输出类，以解决这种不平衡的问题。请注意，这里使用权重纯粹是为了补偿输入数据集中的不平衡情况，与第 1章中描述的训练过程中设置的权重并非同一概念。

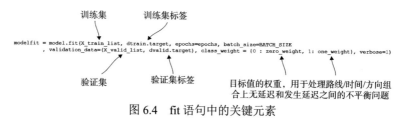

图 6.4　fit 语句中的关键元素

一旦 fit 语句执行完毕，你就可看到如图 6.5 所示的输出结果。

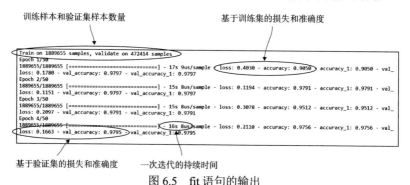

图 6.5　fit 语句的输出

输出结果从训练集和验证集中样本的数量开始。下面列出了迭代训练的记录，每次迭代对应一行输出。这里显示了各种测量的结果，重点关注如下内容。

- 损失(loss)——基于训练集的预测值与实际目标值之间的总差值。

- *准确度*(acc) ——在本次迭代训练中，与训练集中的实际目标值匹配的预测比例。
- *验证损失*(val_loss) ——基于验证集的预测值与实际目标值之间的总差值。
- *验证准确度*(val_accuracy) ——在本次迭代训练中，与验证集中的实际目标值匹配的预测比例。

fit 命令完成后，你就获得了一个经过训练的模型。该模型对那些可训练的参数进行了赋值，可对新的值进行评估了。

```
Total params: 1,341
Trainable params: 1,201
Non-trainable params: 140
```

6.6　评估模型的性能

训练模型产生的输出使你可对模型的性能有初步的了解。训练完成后，可通过两种简单的方法来检测模型的性能。

第一种检测模型性能的方法是绘制训练和验证损失以及准确度图形。图 6.6 中的图形展示了 30 个训练周期的训练和验证准确度结果。

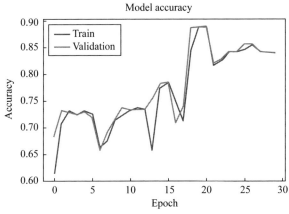

图 6.6　训练和验证准确度图形

下面的代码清单 6.5 展示了生成准确度和损失图形的代码。

代码清单 6.5　　用于生成准确度和损失图形的代码

设置图像标题

```
# acc
plt.plot(modelfit.history['accuracy'])
plt.plot(modelfit.history['val_accuracy'])
plt.title('model accuracy')
plt.ylabel('accuracy')
plt.xlabel('epoch')
plt.legend(['train', 'validation'], loc='upper left')
plt.show()
```

指定该图像跟踪准确度以及验证准确度

设置 y 轴标签

设置 x 轴标签

在图例中设置标签

显示图像

现在回顾一下 6.3 节中的表格，它显示了预测的 4 种可能的结果，如图 6.7 所示。

真负值 实际输出：无延迟 预测输出：无延迟	假正值 实际输出：无延迟 预测输出：延迟
假负值 实际输出：延迟 预测输出：无延迟	真正值 实际输出：延迟 预测输出：延迟

图 6.7　　有轨电车延误预测模型的 4 种可能的结果

检查模型性能的第二种方法就是混淆矩阵，如图 6.8 所示。sklearn.metrics 库包含一项特性，使你可以生成类似的表格，从而显示经过训练的模型的真正值、真负值、假正值以及假负值的计数结果。

混淆矩阵包含 4 个象限：

- *左上* ——该路线/方向/时隙组合没有延迟，且模型预测也没有延迟。

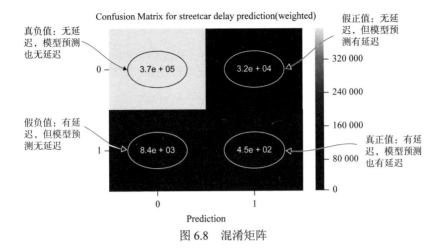

图 6.8　混淆矩阵

- *左下*——该路线/方向/时隙组合有延迟,但模型预测无延迟。
- *右上*——该路线/方向/时隙组合无延迟,但模型预测有延迟。
- *右下*——该路线/方向/时隙组合有延迟,模型预测也有延迟。

对混淆矩阵的一些解释如下:

- 每个象限中的结果计数均以科学计数法表示,因此真负值的数量为 370 000(=3.7E+05)。
- 阴影表示每个象限中的绝对结果数量。阴影越浅,数量越大;阴影越深,数量越小。
- 象限沿着 x 轴标记为预测(0/1),以指示模型是否预测到延迟(是:1,否:0)。
- y 轴表示实际发生的情况(有延迟:1,无延迟:0)。
- 虽然混淆矩阵在视觉吸引力方面还有一些问题,但它依然是比较训练结果的有用工具,因为它将大量的信息打包到了一个易生成的包中。

下面的代码清单 6.6 展示了生成混淆矩阵的代码。

代码清单 6.6　生成混淆矩阵的代码

```
cfmap=metrics.confusion_matrix(y_true=test['target'], \
```

```
                              y_pred=test["predround"])
label = ["0", "1"]
sns.heatmap(cfmap, annot = True, xticklabels = label, \
yticklabels = label)
plt.xlabel("Prediction")
plt.title("Confusion Matrix for streetcar delay prediction
(weighted)")
    plt.show()
```

设置真实(y_true)及预测
(y_pred)的输出结果

显示图像

这里将特别使用两个度量来研究有轨电车延误预测模型在多次
迭代训练中的性能表现：验证准确率以及召回率。验证准确率(验证
数据集上正确预测的比例)将指示模型对于新数据的总体准确程度，
但它并不能说明全部问题。如 6.3 节所述，此处期望能最大程度地
减少假负值(模型预测没有延迟，但实际上有延迟)的数量。也就是
说，应避免在发生延迟时，模型预测错误。为了监控输出结果，可
对召回率进行跟踪。

真正值 /(真正值 + 假负值)

利用图 6.9 中所示的标签思考一下，对于 6.3 节中介绍的输出结
果而言，召回率意味着什么。

真负值	假正值
实际输出：无延迟	实际输出：无延迟
预测输出：无延迟	预测输出：延迟
假负值 B	真正值 A
实际输出：延迟	实际输出：延迟
预测输出：无延迟	预测输出：延迟

图 6.9　召回率 = A / (A + B)

召回率很重要，因为它有助于跟踪要避免的关键型结果：在延
迟发生时，模型没有预测到延迟。同时监控验证准确度和召回率，
就能平衡地理解模型的性能。

6.7　Keras 回调：从训练中获得最大收益

默认情况下，当调用 fit 语句以启动 Keras 模型进行训练时，训练将按照 fit 语句中指定的迭代次数进行，并在最后一个训练周期完成之后保存权重(已训练的模型)。基于其默认行为，我们可将 Keras 模型的训练想象成在传送带上生产馅饼的工厂。每个生产周期都会烘焙出一个馅饼(训练模型)，这里的目标是获得最大的一个馅饼(经过训练的最佳模型)。如果工厂停止烘焙更大的馅饼，则关闭工厂，以免浪费配料生产小馅饼。换言之，如果模型没有继续改善，则不必浪费时间了。

馅饼工厂烘焙了一系列大小不同的馅饼(代表具有不同性能特征的模型)，如图 6.10 所示。

图 6.10　一次默认的 Keras 训练运行

其问题在于，使用默认的 Keras 模型进行训练，即使馅饼工厂开始烘焙较小的馅饼(模型性能不再提高)，它也会继续烘焙馅饼，并且保留的往往是最后一个馅饼(训练结束时得以保存的经过训练的模型)，即使这个馅饼不是最大的一个。其结果就是，馅饼工厂浪费原料烘焙出了很多馅饼，但是每个馅饼都不大，并且最后获得的馅饼可能很小。如图 6.11 所示。

幸运的是，Keras 提供了回调工具，使你有机会进行更有效的训练。用馅饼工厂的术语来说，回调可让你做两件事情。

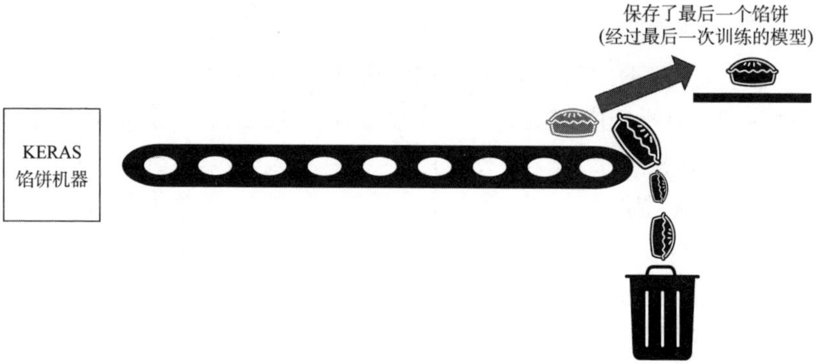

图 6.11 进行默认训练之后，即使最终模型不是最佳的，也只能保存最终模型

- 保存最大的馅饼(经过训练的最佳模型)，即便它不是最后一个馅饼，如图 6.12 所示。

图 6.12 保存最大的馅饼

- 如果不再烘焙更大的馅饼(生成具有更好性能的模型)，馅饼工厂将会自动停止，这样就不会浪费资源生产小馅饼了，如图 6.13 所示。

图 6.13 如果馅饼工厂停止烘焙更大的馅饼，则提前停止

接下来研究一下 Keras 回调是如何发挥作用的。Keras 回调使你可控制训练运行的时间，并且在模型不再改进时停止训练。Keras回调还允许你在给定条件(如验证准确度)达到局部最大值时将模型保存到文件中。对这些功能进行组合(提前停止并保存关键度量达到最佳时的模型)，就可实现两个目标，即控制训练运行的时间长短，以及在模型不再改进时提前停止训练。

要使用提前停止特性，需要先定义一个回调(https://keras.io/callbacks)。回调包含一组可在模型训练期间使用的函数，使你能深入了解模型的训练过程。回调使我们可在模型训练期间与训练过程进行互动。在模型训练期间，可使用回调来监视每次训练周期内的各个性能指标，并根据指标的结果采取不同的措施。例如，可对验证准确度进行跟踪，并且只要准确度继续提升，训练就继续。当验证准确度下降时，可使用回调来停止训练。也可使用耐心(patience)选项来延迟训练的停止时间，这样，当验证准确度不再提升时，模型训练还可在一段给定的时间内持续进行。该选项使我们不会在验证准确度暂时下降或者平稳时，错过更好的模型。

提前停止回调所实现的控制，能使我们在模型训练方面前进一大步。但是，如果受关注的性能指标的最好结果出现在最后一次训练周期之外的其他周期，那又会发生什么？如果只保存最终的训练模型，就会错过之前训练期间出现的性能更好的模型。我们可通过另外一种回调方式来解决这种问题。这种回调方式使我们能在训练过程中保存模型，且该模型具有所跟踪的性能指标的最佳结果。将这种回调方式与提前停止回调相结合，可知，在训练运行过程中保存的最后一个模型，其实就是性能指标最佳时的模型。

图 6.14 显示了定义回调的 streetcar_model_training notebook 中相应的代码段。

回调将跟踪的性能指标：验证损失

```
es_monitor = "val_loss"
es_mode = "min"
```

回调的目标(模式)：最小化验证损失

```
patience_threshold = 15
```

一旦停止改善，可继续进行的迭代次数上限

提前停止回调以最大程度地减少验证损失，如果
还是没有改善，则在15个训练周期之后停止

```
def set_early_stop(es_monitor, es_mode):
    es = EarlyStopping(monitor=es_monitor, mode=es_mode, verbose=1,patience = patience_threshold)
    save_model_path = path+'models/'+'scmodel'+modifier+"_"+str(experiment_number)+'.h5'
    mc = ModelCheckpoint(save_model_path, monitor=es_monitor, mode=es_mode, verbose=1, save_best_only=True)
    return(es,mc,save_model_path)
```

当验证损失达到新的最小值时，回调以保存模型

图 6.14   定义回调以跟踪性能指标并保存具有最佳性能的模型

现在看一个示例，了解一下回调对训练运行的影响。先看一下含 20 个训练周期的运行，先不使用回调，然后再应用回调。下面的代码清单 6.7 显示了在运行训练之前需要设置的参数。

代码清单 6.7   设置参数以控制提前停止和数据集平衡

设置不用回调

```
early_stop = False
one_weight = (count_no_delay/count_delay) + one_weight_offset
```

考虑数据集中延迟记录与无延迟记录的不平衡

首先，图 6.15 展示了 20 个训练周期的准确度图形，其中没有使用回调。

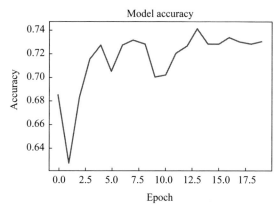

图 6.15　运行 20 个训练周期且不使用回调的准确度图形

在运行完 20 个训练周期后，最终的 val_accuracy 的值为 0.73：

```
val_accuracy: 0.7300
```

图 6.16 显示，最后一次训练产生的 val_accuracy 并不是训练过程中产生的最大值。

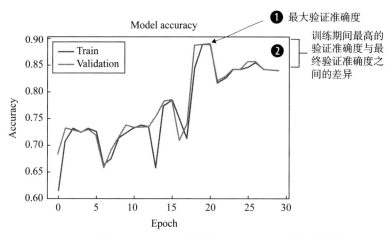

图 6.16　最终 val_accuracy 和最大 val_accuracy 之间的差异

接下来看一下，如果在训练运行中添加提前停止回调，会发生什么。下面的代码清单 6.8 显示，训练在验证准确度停止提高时结束运行。

代码清单 6.8　设置回调的代码

定义 Keras 回调的函数。参数为 es_monitor(在 mc 回调中跟踪的度量)和 es_mode(在 es 提前停止回调中跟踪的极限最小值或最大值)

包含此函数中定义的所有回调的列表

根据 es_monitor 定义的测量值定义 es 提前停止回调，如果 es_monitor 不再沿着 es_mode 指示的方向移动，则使用回调以提前停止，并将其添加到回调列表当中

```
def set_early_stop(es_monitor, es_mode):
    callback_list = []
    es = EarlyStopping(monitor=es_monitor, mode=es_mode, \
    ➥ verbose=1,patience = patience_threshold)
    callback_list.append(es)
    model_path = get_model_path()
    save_model_path = os.path.join(model_path, \
    ➥ 'scmodel'+modifier+"_"+str(experiment_number)+'.h5')
    mc = ModelCheckpoint(save_model_path, monitor=es_monitor, \
    ➥ mode=es_mode, verbose=1, save_best_only=True)
    callback_list.append(mc)
    if tensorboard_callback:
        tensorboard_log_dir =
os.path.join(get_path(), \
"tensorboard_log",datetime.now().strftime("%Y%m%d-%H%M%S"))
        tensorboard = TensorBoard(log_dir= tensorboard_log_dir)
        callback_list.append(tensorboard)
    return(callback_list,save_model_path)
if early_stop:
        modelfit = model.fit(X_train_list, dtrain.target, epochs=
epochs, \
    ➥ batch_size=batch_size, validation_data=(X_valid_list, dvalid.
target), \
    ➥ class_weight = {0 : zero_weight, 1: one_weight}, \
    ➥ verbose=1,callbacks=callback_list)
```

定义路径，在训练过程中当 es_monitor 测量值达到新的最佳值时保存模型

定义 mc 回调，根据 es_monitor 的测量值来获取 es_mode 定义的最佳值，从而保存最佳模式

如果需要，则定义 TensorBoard 回调。有关定义 TensorBoard 回调的详细信息，请参考第 5 章

如果将 early_stop 设置为 true，则使用 set_early_stop()函数返回的回调列表中设置的 callbacks 参数来调用 fit 命令

为了获得提前停止的回调，需要在下面的代码清单 6.9 中设置参数。

代码清单 6.9　为提前停止回调设置参数

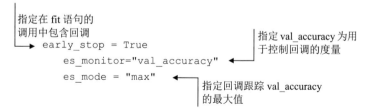

指定在 fit 语句的
调用中包含回调

```
early_stop = True
es_monitor="val_accuracy"
es_mode = "max"
```

指定 val_accuracy 为用
于控制回调的度量

指定回调跟踪 val_accuracy
的最大值

设置好这些参数后，重新运行试验。这一次将在训练过程中调用回调。可在图 6.17 中看到相应的结果。

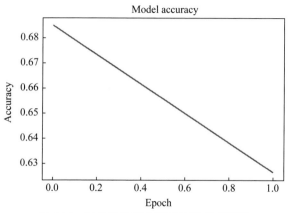

图 6.17　包含提前停止回调的准确度图形

这次没有运行完整的 20 个训练周期，而是运行了 2 个周期就停止训练，因为验证准确度下降了。这个结果不能满足要求。因此，需要给模型一个改善的机会，并且不让模型准确度一下降就停止训练。为了获得更好的结果，可在模型训练配置文件中将 patience_threshold 参数设置为默认值 0 之外的值：

```
patience_threshold: 4
```

如果重新运行相同的模型训练，并且在提前停止回调中添加 patience_threshold 参数，那又会发生什么情况？运行将在执行完 12 个周期之后才结束，而不是只运行 2 个周期，并且这次一共运行了

3 分钟。最终的验证准确度为 0.73164，如图 6.18 所示。

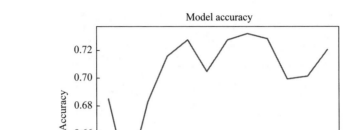

图 6.18　包含 patience 提前停止回调的准确度图形

这些更改(添加回调，为 patience_threshold 参数设置非零值等)使获得的模型能具有更高的验证准确度，且所需的迭代次数也更少，总体训练时间也就更短。图 6.19 总结了这组实验的结果。

实验	迭代次数	最终验证准确度	运行时间
无回调	20	0.73	6 分钟
使用回调，patience_threshold = 0	2	0.6264	54 秒
使用回调，patience_threshold = 4	12	0.73164	3 分钟

图 6.19　回调实验总结

这组实验表明，Keras 中的回调工具是一种有效的方法，它可避免重复的迭代训练(这种迭代对关键测量值没有意义)，从而使训练更加高效。回调工具还允许你保存迭代的模型(该模型的关键测量指标为最佳值)，而且不用担心该迭代在训练中发生于哪一次。通过调整 patience 参数，还可在代价(运行更多次迭代)和益处(性能暂时下降之后提升)之间寻求平衡。

6.8　从多次训练中获得相同的结果

你可能会问，6.7 节中的实验是如何在两次训练中获得一致的结果的。默认情况下，训练过程的各个方面(包括分配给网络中各个节点的初始权重)都是随机设置的。如果我们对具有相同输入和参数设置的深度学习模型进行重复试验，就会看到这样的结果。但是，即使输入相同，每次试验也会获得不同的结果(如每次迭代试验的验证准确度)。那么，如果深度学习模型的训练中存在着一些故意的随机元素，则又该如何控制这些元素，以进行受控的重复试验，从而评估特定更改(如 6.7 节示例中介绍的回调)的效果？关键是要为随机数字生成器设置一个固定的种子(seed)。随机数生成器为训练过程提供随机的输入(如模型的初始权重)，导致每次迭代训练的结果各不相同。如果你希望从多次训练中获得相同的结果，那么可显式设置随机数生成器的种子。

如果查看模型训练 notebook 的配置文件，可在 test_parms 部分看到一个名为 repeatable_run 的参数(请参见代码清单 6.10)。

代码清单 6.10　控制测试执行的参数

```
test_parms:
    testproportion: 0.2 # proportion of data reserved for test set
    trainproportion: 0.8 # proportion of non-test data dedicated \
to training (vs. validation)
    current_experiment: 9
    repeatable_run: True
```

用于控制是否要进行重复试验的参数。是否要为随机数生成器设置一个固定值，以便在多次运行时获得一致的结果？

模型训练 notebook 使用 repeatable_run 参数来确定是否为随机数生成器显式设置种子，从而在多次训练中生成相同的结果：

```
if repeatable_run:
    from numpy.random import seed
    seed(1)
```

```
tf.random.set_seed(2)
```

本节总结了如何通过多次训练来获得相同的结果。如想深入了解如何使用 Keras 获得可重复的结果，可参考 http://mng.bz/Moo2 中的精彩文章。

6.9　评估捷径

有了一个训练完毕的模型，接下来应该去运用它。先快速回顾一下高级步骤。

(1) *训练模型*。使用本章中描述的过程来训练模型，其中，模型中的权重由模型反复训练数据集来进行反复设置，目的是使损失函数最小化。在本示例中，损失函数用来衡量模型对有轨电车延迟/无延迟的预测结果，和训练数据集中每个路线/方向/时隙组合发生的延迟/无延迟实际情况之间的差异。

(2) *评估模型(一次性评分)*。获得经过训练的模型后，就可对新的数据点进行预测：模型在训练过程中未曾见过的路线/方向/时隙组合上的数据是否会发生延迟。这些新的数据点可来自原始数据集中的测试子集，也可来自新的数据点。

(3) *部署模型*。让训练好的模型能被人广泛使用，以对新的数据点进行有效的预测。除了描述部署方面的内容之外，第 8 章还将描述部署与一次性评分之间的区别。

如第 8 章所述，我们需要采取多个步骤来部署模型。在对模型进行完整的部署之前，可能还需要对模型进行评估，以验证模型在训练过程中未曾见过的数据上进行预测时的性能表现。本节描述了在全面部署模型之前可使用的评估捷径。

要在整个测试集上使用模型，可以测试集作为输入，然后在模型上调用 predict：

```
preds = saved_model.predict(X_test, batch_size=BATCH_SIZE)
```

如果你想使用一个新的测试示例，怎么办？这是已部署模型的典型用例：使用该模型来预测用户想要乘坐的有轨电车是否会出现延迟情况的客户端。

要对单个数据点进行评估，首先需要检查模型输入的结构。X_test 的结构是怎么样的？

```
print("X_test ", X_test)
X_test {'hour': array([18, 4, 11, ..., 2, 23, 17]),
'Route': array([ 0, 12, 2, ..., 10, 12, 2]),
'daym': array([21, 16, 10, ..., 12, 26, 6]),
'month': array([0, 1, 0, ..., 6, 2, 1]),
'year': array([5, 2, 3, ..., 1, 4, 3]),
'Direction': array([1, 1, 4, ..., 2, 3, 0]),
'day': array([1, 2, 2, ..., 0, 1, 1])}
```

X_test 是一个字典，其中每个值都是一个 numpy 数组。如果要对单个数据点进行评估，可创建一个字典，其中包含字典中每个键的单个条目 numpy 数组：

```
score_sample = {}
score_sample['hour'] = np.array([18])
score_sample['Route'] = np.array([0])
score_sample['daym'] = np.array([21])
score_sample['month'] = np.array([0])
score_sample['year'] = np.array([5])
score_sample['Direction'] = np.array([1])
score_sample['day'] = np.array([1])
```

现在我们已经定义了一个数据点，可使用经过训练的模型对该数据点进行预测：

```
preds = loaded_model.predict(score_sample, batch_size=BATCH_SIZE)
print("pred is ",preds)
print("preds[0] is ",preds[0])
print("preds[0][0] is ",preds[0][0])
```

对于经过训练的模型之一，其输出如下：

```
pred is [[0.35744822]]
```

```
preds[0] is [0.35744822]
preds[0][0] is 0.35744822
```

因此，对这个数据点而言，模型预测无延迟。这种对单个数据点进行评分的能力是快速验证模型的好方法。如果你准备了显然不太可能出现延误情况的数据点，或者是你认为应该会出现延迟情况的数据点，这种验证方法则尤其有效。使用训练过的模型对这样的两个数据点进行评估，就可验证该模型是否能作出期望的预测。

图 6.20 显示了两个示例行程，可使用训练后的模型对其进行评估。这里预计旅程 A(在周末晚些时候，且处于不太繁忙的路线上)不会被延误，而旅程 B(在繁忙路线的高峰时段)有被延误的可能。

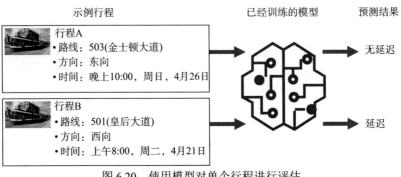

图 6.20　使用模型对单个行程进行评估

6.10　显式保存已训练的模型

已训练的模型就像 Pandas 数据帧一样，除非被显式保存，否则该模型仅在 Python 会话的生命周期中可见。需要进行序列化，并保存训练好的模型，这样以后才能进行再次加载，利用它进行试验，最后对它进行部署，从而利用已训练的模型方便地对新的数据进行评估。如果你设置了 early_stopping 参数，则该模型还将保存为回调机制的一部分。如果没有设置该参数，那么下面的代码清单 6.11 将会保存模型。

代码清单 6.11　未使用提前结束机制保存模型的代码

```
if early_stop == False:          ◄──┐  检查模型是否通
    model_json = model.to_json()     │  过回调进行保存
    model_path = get_model_path()
    with open(os.path.join(model_path,'model'+modifier+'.json'), \
      ➥ "w") as json_file:
        json_file.write(model_json)  ◄──┐  将模型保存到
    model.save_weights(os.path.join(model_path, \    │  JSON 文件中
      ➥ 'scweights'+modifier+'.h5'))
    save_model_path = os.path.join(model_path, \
      ➥ 'scmodel'+modifier+'.h5')      ◄──┐  将训练后的模
    model.save(save_model_path,save_format='h5')  │  型的权重保存
    saved_model = model                           │  到 h5 文件中
```

将模型及权重保
存到 h5 文件中

接下来，你可练习加载保存到 h5 文件中的模型(如代码清单 6.12
所示)。

代码清单 6.12　从 h5 文件中加载模型的代码

```
from keras.models import load_model
loaded_model = load_model(os.path.join(model_path, \
    'scmodel'+modifier+'.h5'))  ◄──┐  使用与保存模型相同的
                                    │  路径来加载保存的模型
```

现在，你已经加载了之前保存的模型，可将其应用于测试集进
行预测了：

```
preds = loaded_model.predict(X_test, batch_size=BATCH_SIZE)
```

6.11　运行一系列训练实验

现在，我们可在本章已述内容的基础上进行一系列的实验，从
而将所有的内容整合起来。可修改模型训练配置文件中的 current_

experiment 参数来自行运行这些实验，如下面的代码清单 6.13 所示。

代码清单 6.13　　控制测试执行的参数

```
test_parms:
    testproportion: 0.2 # proportion of data reserved for test set
    trainproportion: 0.8 # proportion of non-test data \
dedicated to training (vs. validation)        设置实验编号
    current_experiment: 5   ◄────────────────┘
    repeatable_run: True # switch to control whether \
runs are repeated identically
    get_test_train_acc: False # switch to control whether \
block to get test and train accuracy is after training)
```

将 current_experiment 反过来用于设置实验参数，从而调用 set_experiment_parameters 函数：

```
experiment_number = current_experiment
early_stop, one_weight, epochs,es_monitor,es_mode = set_
experiment_parameters
    ➥ (experiment_number, count_no_delay, count_delay)
```

图 6.21 总结了这些实验的参数设置及其主要结果：验证准确度、假负值数量以及测试集的召回率。

实验编号	迭代次数	是否启用提前停止	目标值为"1" (延迟)的权重	提前停止控制		最终验证准确度	基于测试集的假负值数量	基于测试集的召回率：真正值 /(真正值+假负值)
				monitor	mode			
1	10	否	1.0	NA	NA	0.98	11 000	0
2	50	否	1.0	NA	NA	0.75	7 700	0.31
3	50	否	无延迟/延迟	NA	NA	0.8	4 600	0.59
4	50	是	无延迟/延迟	验证损失	最小值	0.69	2 600	0.76
5	50	是	无延迟/延迟	验证准确度	最大值	0.72	2 300	0.79

图 6.21　训练模型的一组实验结果汇总

这些实验采用了各种技术：从增加额外的迭代次数到平衡不太常见的结果(延迟)，再到设置提前停止。这些实验是通过一系列的参数设置来定义的，如代码清单 6.14 所示。

代码清单 6.14　控制编号实验的参数

```
if experiment_number == 1:
    #
    early_stop = False
    #
    one_weight = 1.0
    #
    epochs = 10
elif experiment_number == 2:
    #
    early_stop = False
    #
    one_weight = 1.0
    #
    epochs = 50
elif experiment_number == 3:
    #
    early_stop = False
    #
    one_weight = (count_no_delay/count_delay) + one_weight_offset
    #
    epochs = 50
elif experiment_number == 4:
    #
    early_stop = True
    es_monitor = "val_loss"
    es_mode = "min"
    #
    one_weight = (count_no_delay/count_delay) + one_weight_offset
    #
    epochs = 50
elif experiment_number == 5:
    #
    early_stop = True
    es_monitor = "val_accuracy"
    es_mode = "max"
    #
    one_weight = (count_no_delay/count_delay) + one_weight_offset
```

```
#
epochs = 50
```

在这些实验中，分别调整迭代次数、延迟结果的权重，以及提前停止回调等。对于每个实验，都要跟踪如下性能指标：

- *最终验证准确度*——运行最后一次迭代后的验证准确度。
- *假负值总数*——出现延迟时，模型没有预测延迟的次数。
- *召回率*——真正值/(真正值 + 假负值)

调整实验参数后，性能指标的值有所提高。这组实验对于有轨电车延误问题这样的简单案例会很有用，但是该案例不能反映真实世界中的深度学习问题所需的实验量。在工业强度的模型训练情况下，你可能需要进行更多种类的实验。这些实验将对大量的参数(如第 5 章中介绍的学习率、dropout 以及正则化参数等)进行调整。即使你没有从原始模型中获得所需的性能指标，也可调整模型中层的数量和种类。

开始进行深度学习时，如果你看到原始模型没有足够的性能，那么你可能会考虑对模型的架构进行修改。建议你先从理解原始模型的性能特征入手，从较少的迭代训练次数开始测试，一次一次有条不紊地调整参数，并测试一致的性能指标(如验证准确度或验证损失)。然后，如果你已尽力提升原始架构的性能，但其始终无法达到你想要的性能目标，则可考虑调整模型的架构。

现在回顾一下本节开头定义的 5 个训练实验。从实验 1 开始，本节运行了几次迭代训练，但没有考虑训练数据在延迟与无延迟之间的不平衡性，也没有使用回调。虽然其准确度看起来不错，但是如图 6.22 的混淆矩阵所示，真实情况是：该模型始终预测无延迟。

该模型对于此模型应当执行的应用来说毫无用处，因为它永远都不会预测出现延误的情况。图 6.23 显示了实验 2 的情况，此次实验执行了 5 倍数量的迭代训练。

Confusion Matrix for streetcar delay prediction(weighted)

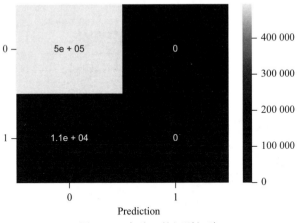

图 6.22 实验 1 的混淆矩阵

Confusion Matrix for streetcar delay prediction(weighted)

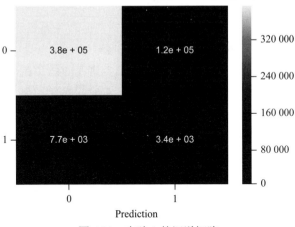

图 6.23 实验 2 的混淆矩阵

随着迭代训练次数的增加，该模型逐渐预测到了一些延误情况，但是假负值的数量是真正值的 2 倍左右，因此该模型并没有实现假负值数量最小化的目标。

在实验 3 中，通过使用加权延迟来解决数据集中延迟与无延迟之间的不平衡问题(如图 6.24 所示)。

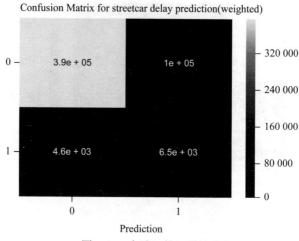

图 6.24　实验 3 的混淆矩阵

　　出现了这一变化，我们可以看到，真正值数量是大于假负值的，因此该模型朝着正确的召回率方向前进了一步，但是还有提升空间。

　　实验 4 中添加了回调，同时开始监控训练过程中的验证损失：预测结果与验证集中实际值之间的累积差值。这样，如果在给定的迭代训练次数内验证损失没有减少的话，训练过程将会停止。同样，具有最小验证损失的模型将是训练结束时保存的模型。另外，经过这次更改，真正值与假负值的比例(如召回率所示)也上升了。如图 6.25 所示，但是该模型依然可以提升。

　　实验 5 中同样使用了回调，但是没有监控验证损失，而是监控验证准确度。如果在给定次数的训练周期内准确度没有提升，那么我们将停止训练。此外，在整个训练运行结束之前，将保存准确度值最大的模型。图 6.26 显示了此时的混淆矩阵。

　　在实验 5 中，真正值数量与假负值的比例(如召回率所示)改善了，此外验证准确度也提高了一些。

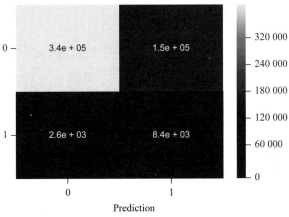

图 6.25　实验 4 的混淆矩阵

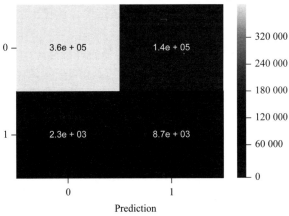

图 6.26　实验 5 的混淆矩阵

　　注意，当你自行使用相同的输入来运行这些实验的时候，可能会得到不同的结果。但是，在这 5 个实验中，当你一步步地分层调整时，你应该能看到相同的总体趋势。还要注意，我们也可采用其他步骤来获得更好的结果：提高准确度，并改善真正值与假负值的比例。第 7 章将探讨其中的一些步骤。

6.12　本章小结

- 训练深度学习模型是一个反复的过程。在训练运行期间和结束时跟踪正确的性能指标，你就能有条不紊地调整训练过程中涉及的参数，查看更改的效果，并逐步开发出能达到训练过程目标的良好模型。

- 在开始训练之前，需要定义数据集的子集，以便进行训练、验证(在训练过程中跟踪模型的性能)，以及测试(对训练后的模型性能进行评估)。

- 在进行初次训练时，需要选择一个简单的单周期训练，以确保模型代码一切正常，且不会有任何功能方面的问题。成功完成初次训练之后，就可进行更为复杂的训练来提高模型的性能了。

- Keras 提供了一组度量指标，可用于评估模型的性能。选择何种指标，取决于模型在训练之后会被如何使用。对于有轨电车延误预测模型，这里通过验证准确度(训练模型对验证集的预测结果和验证集实际的延迟/无延迟值的匹配程度)和召回率(延迟发生时，模型在多大程度上能避免产生无延迟的预测结果)来评估模型的性能。

- 默认情况下，Keras 训练会按指定的迭代次数进行，而你获得的模型将是最后一次训练结束时产生的模型。如果你希望通过避免不必要的迭代训练来提高训练过程的效率，并确保最终保存的是性能最佳的模型，则可利用回调。通过回调，可在你关注的性能指标停止改善时终止训练过程，并可确保训练过程中的最佳模型已被保存下来。

- 有了训练好的模型之后，最好利用一些数据点对其进行评估。在有轨电车延误预测模型的示例中，可使用已经训练的模型对一些时间/路线/方向组合进行评估。这样做能为你提供一种方法，使你在对训练好的模型进行全面部署之前，可先行验证模型的整体行为。

第 *7* 章

对已训练的模型进行
更多实验

本章涵盖如下内容：
- 验证删除不良值是否可改善模型性能
- 验证分类型列的嵌入是否可提高模型性能
- 改善模型性能的可能方法
- 比较深度学习模型与非深度学习模型的性能

在第 6 章中，我们训练了深度学习模型，并进行了一系列实验来测量和改善模型的性能。本章将通过另外一组实验来验证模型的两个关键方面：删除不良值(这是第 3 章和第 4 章中描述的数据准备工作的一部分)，以及针对分类型列的嵌入操作(如第 5 章所述)。然后，本章将介绍一个实验，以比较深度学习解决方案(使用有轨电车延误预测深度学习模型)和非深度学习解决方案(使用被称为 XGBoost 的非深度学习方法)。

7.1 使用模型进行更多实验的代码

在 GitHub 上复制了与本书相关的内容(http://mng.bz/v95x)之后,
即可在 notebooks 子目录中找到与实验相关的代码。下面的代码清单
7.1 显示了本章描述的实验所使用的文件。

代码清单 7.1　与模型训练实验相关的代码

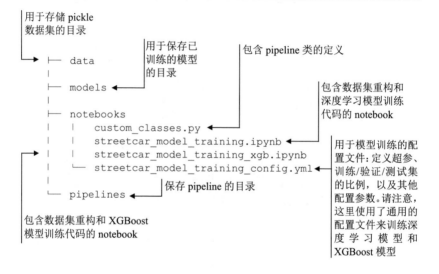

用于存储 pickle
数据集的目录

用于保存已
训练的模型
的目录

包含 pipeline 类的定义

包含数据集重构和
深度学习模型训练
代码的 notebook

用于模型训练的配
置文件:定义超参、
训练/验证/测试集
的比例,以及其他
配置参数。请注意,
这里使用了通用的
配置文件来训练深
度学习模型和
XGBoost 模型

保存 pipeline 的目录

包含数据集重构和 XGBoost
模型训练代码的 notebook

```
    ├── data
    │
    ├── models
    │
    ├── notebooks
    │   │   custom_classes.py
    │   │   streetcar_model_training.ipynb
    │   │   streetcar_model_training_xgb.ipynb
    │   └── streetcar_model_training_config.yml
    │
    └── pipelines
```

7.2 验证删除不良值是否可改善模型

第 4 章介绍了数据集中包含错误值的记录——记录中某一列包
含了无效值。例如,输入记录中的某条路线不存在,或者某个方向
值无效等。默认情况下将删除这些值,并在 streetcar_data_preparation
notebook 的末尾保存输出数据帧。这样做对模型性能而言是不是最
佳选择? 本节将通过一个实验来回答这个问题。该实验如下:

(1) 使用在 streetcar_data_preparation_config.yml 中设置的以下

值来重新运行 streetcar_data_preparation notebook，以保存含有错误
值记录的清理后数据帧，如代码清单 7.2 所示。

代码清单 7.2　在数据准备中配置用于不良值实验的参数

```
general:
    load_from_scratch: False                指定应保存的
    save_transformed_dataframe: True   ◄    输出数据帧
    remove_bad_values: False   ◄            指定不应从输出数据
file_names:                                 帧中删除不良值
    pickled_input_dataframe: 2014_2019.pkl        为输出数据帧设
    pickled_output_dataframe:                     置唯一的文件名
        2014_2019_df_cleaned_no_remove_bad_values_xxx.pkl   ◄
```

(2) 使用在 streetcar_model_training_config.yml 中设置的以下值
来重新运行 streetcar_model_training notebook，以使用控制文件来重
构数据集。该数据集含有带"错误路线"和"错误方向"的路线/方
向组合记录，如代码清单 7.3 所示。

代码清单 7.3　针对不良值实验的参数设置

```
指定在数据准备配置文件中                     控制文件，包含带有"错误路
为 pickled_output_dataframe               线"和"错误方向"的路线/
设置的相同的文件名                          方向组合
    pickled_dataframe: \
  ► ➥ '2014_2019_df_cleaned_no_remove_bad_values_xxx.pkl'
    route_direction_file: 'routedirection_badvalues.csv'   ◄
```

现在，我们完成了第 6 章中的实验 5 并进行了相关更改(使用的
输入数据集包含了不良值)，得到的结果如图 7.1 所示。可见，两种
情况下验证准确度没有什么区别，但对于使用包含不良值的数据集
进行训练的模型，其召回率要差很多。

总的来说，如果数据集排除了不良值，训练好的模型就可获得
更好的性能。该实验也验证了第 4 章中的一个结论：默认情况下，
在模型训练过程中，应该排除那些包含不良值的记录。

实验	迭代次数	最终验证准确度	基于测试集的假负值数量	基于测试集的召回率：真正值/(真正值+假负值)
不包含不良值	50	0.78	3 500	0.68
包含不良值	50	0.79	6 400	0.53

图 7.1　训练集中包含/不包含不良值的模型性能比较

7.3　验证嵌入列是否可提升模型的性能

我们在第 5 章中创建了深度学习模型，然后在第 6 章中对其进行训练，在这个过程中，嵌入对模型的性能发挥着极为重要的作用。这里创建的模型在处理分类型列的时候都使用了嵌入层。为了验证嵌入层的作用，这里删除了嵌入层，并对模型进行训练，以比较模型的分类型列包含或不含嵌入层时的性能。

为了执行该实验，这里在 streetcar_model_training notebook 的模型构建部分对下面两行进行了替换：

```
embeddings[col] = (Embedding(max_dict[col],catemb) (catinputs[col]))
embeddings[col] = (BatchNormalization() (embeddings[col]))
```

将其替换为：

```
embeddings[col] = (BatchNormalization() (catinputs[col]))
```

然后，重新运行第 6 章中描述的实验 5。该实验包含 50 个迭代周期的训练，并根据验证准确度定义了提前停止回调。图 7.2 显示了分类型列包含或不含嵌入层的实验对比结果。

基于测试集的性能表现	对分类型列不使用嵌入层	对分类型列使用嵌入层
准确度	59.5%	78.1%
召回率：真正值/(真正值+假负值)	0.57	0.68
假负值数量	4 700	3 500

图 7.2　分类型列使用或不使用嵌入层的模型性能对比

当我们从模型中删除了分类型列的嵌入层时，与模型性能相关的所有指标都变得更差了。这一示例表明，即使在简单的深度学习模型(此处为有轨电车延误定义的模型)中，嵌入也是有价值的。

7.4　深度学习模型与 XGBoost

本书的论点是：如果要对结构化表格数据进行机器学习，那么深度学习是值得考虑的一种选择。在第 6 章中，我们在有轨电车延误数据集上训练了深度学习模型，并对该模型的性能进行了研究。那么，如果要使用相同的有轨电车延误数据集来训练一下非深度学习模型，又会是怎样的呢？本节将展示这样的实验结果。这里将使用 XGBoost 来代替深度学习模型。XGBoost 是一种梯度提升的决策树算法，并且，对于处理涉及结构化表格数据的问题，该算法已经颇有声誉。本节将对这两个模型的结果进行比较，并在这些结果的基础上探讨使用深度学习来解决结构化数据相关问题的可行性。

关于蝙蝠侠的书如果没有提到小丑，那么它是不完整的；同样，关于深度学习处理结构化数据的书如果不提及 XGBoost，那该书也是不完整的。在处理结构化表格数据方面，XGBoost 可作为深度学习的典范，相比深度学习，它是处理结构化数据时更为常用的方法。

XGBoost 是一种被称为梯度提升的非深度学习机器学习算法示例。在梯度提升算法中，一组简单模型进行的预测会被汇总，以获得合并的预测结果。值得注意的是，XGBoost 提供的功能与深度学习模型所能提供的完全不同。XGBoost 还包含一个重要的内置功能，即重要性功能(http://mng.bz/awwJ)，也就是所谓的属性重要性，它可帮助你确定每个特征对模型的贡献程度。但是正如 http://mng.bz/5pa8 上的文章所述，你应该谨慎使用这一功能。本书不对 XGBoost 的全部功能进行详细的描述，但是《商业机器学习》(http://mng.bz/EEGo)一书对 XGBoost 的工作原理进行了深入浅出的讲解。

为了比较深度学习模型和 XGBoost，这里对模型训练 streetcar_model_training notebook 进行了修改，以便用 XGBoost 来替换深度学习模型，这么做旨在对代码进行最少量的更改。如果将整个模型训练 notebook 视作一辆汽车的话，这里要做的事情就是换掉现有的引擎(深度学习模型)，并安装另一个引擎(XGBoost)，而不必更换车身面板、车轮、轮胎、内饰，或者其他任何东西。如图 7.3 所示。

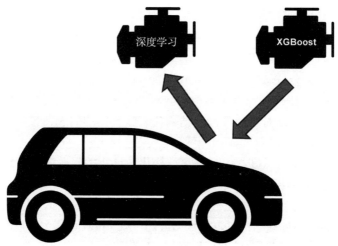

图 7.3 使用 XGBoost 引擎代替深度学习引擎

当使用新的引擎时，需要将车开到路上，从而评估该车与使用原引擎时相比，给你的驾驶感受。如果汽车上所有的其他部件都保持不变，而只更换发动机，那么我们应该能对发动机的性能进行公平的比较。同样，如将 notebook 中代码的更改量降到最低，就可公平比较深度学习模型和 XGBoost 的性能。

可在 streetcar_model_training_xgb notebook 中找到关于训练 XGBoost 模型的代码。如果你对 notebook 进行了检查，你就会发现，这里使用汽车来作类比是完全合适的。这里只是更换了发动机，而其他部分均保持不变。该 notebook 的第一部分与深度学习模型训练

的 streetcar_model_training notebook 基本相同，区别仅在于 XGBoost
模型包含的 import 语句：

```
from xgboost import XGBClassifier
```

XGBoost 的特定内容在主代码块调用 pipeline 之后开始。此时，
数据集是一个 numpy 数组的列表，数据集中的每一列都对应于一个
numpy 数组：

```
[array([ 9, 13, 6, ..., 11, 8, 2]),
array([20, 22, 13, ..., 6, 16, 22], dtype=int64),
array([4, 4, 1, ..., 0, 2, 0]),
array([ 2, 18, 14, ..., 24, 11, 21], dtype=int64),
array([0, 2, 3, ..., 3, 1, 2], dtype=int64),
array([0, 5, 4, ..., 3, 6, 0], dtype=int64),
array([ 2, 10, 11, ..., 4, 6, 7], dtype=int64)]
```

深度学习训练代码中的多输入 Keras 模型需要这样的格式，但
XGBoost 模型需要的则是一个含有多个列表的 numpy 数组，因此在
使用该数据集训练 XGBoost 模型之前，需要对其格式进行转换。具
体转换方法如代码清单 7.4 所示。

代码清单 7.4　将训练和测试数据集转换为列表的代码

```
list_of_lists_train = []
list_of_lists_test = []
for i in range(0,7):
    list_of_lists_train.append(X_train_list[i].tolist())
    list_of_lists_test.append(X_test_list[i].tolist())
```

对于训练和测试数据集，需要遍历 numpy 数组，然后将其转换为列表。这样，最终就得到了两列的列表

接下来，对于测试和训练数据集，要将列表转换为 numpy 数组，
并进行转置处理：

```
xgb_X_train = np.array(list_of_lists_train).T
xgb_X_test = np.array(list_of_lists_test).T
```

至此，生成的训练数据集 xgb_X_train 如下：

```
array([[ 9, 20, 4, ..., 0, 0, 2],
```

```
[13, 22, 4, ..., 2, 5, 10],
[ 6, 13, 1, ..., 3, 4, 11],
...,
[11, 6, 0, ..., 3, 3, 4],
[ 8, 16, 2, ..., 1, 6, 6],
[ 2, 22, 0, ..., 2, 0, 7]])
```

这样的格式就是接下来在代码块中训练 XGBoost 模型所需要的，如代码清单 7.5 所示。

代码清单 7.5　训练 XGBoost 模型的代码

定义 XGB 模型目标。除了 scale_pos_weight 参数之外，其他参数均使用默认值。scale_pos_weight 用于解决正目标(有延迟)与负目标(无延迟)之间的不平衡问题。该参数的值与深度学习模型中用于解决不平衡问题的参数值相同

构建保存已经训练的 XGBoost 模型的路径

```
model_path = get_model_path()
xgb_save_model_path = \
os.path.join(model_path, \
'sc_xgbmodel'+modifier+"_"+str(experiment_number)+'.txt')
model = XGBClassifier(scale_pos_weight=one_weight)
model.fit(xgb_X_train, dtrain.target)
model.save_model(xgb_save_model_path)
y_pred = model.predict(xgb_X_test)
xgb_predictions = [round(value) for value in y_pred]
xgb_accuracy = accuracy_score(test.target, xgb_predictions)
print("Accuracy: %.2f%%" % (xgb_accuracy * 100.0))
```

保存训练完毕的模型

将训练完毕的模型应用于测试数据集

计算模型的准确度

使用训练数据集来拟合模型，该数据集就是已被转换为含多个列表的 numpy 数组

现在本节已经介绍了如何修改模型训练 notebook 来使用 XGBoost 算法，那么，当我们训练和评估 XGBoost 模型的时候，又会发生些什么呢？图 7.4 总结了使用 XGBoost 和深度学习算法进行的训练和评估之间的对比情况，同时显示了这两种方法之间的高级差异。

分类	XGBoost	Keras 深度学习	优胜者
在测试数据集上的表现			
准确度	80.1%	78.1%	XGBoost
召回率: 真正值/(真正值+假负值)	0.89	0.68	
假负值数量	1 200	3 500	
训练时间	1 分 24 秒	实验 5 为 2~3 分钟, 取决于硬件环境和 patience 设置	不确定——深度学习训练时间有异
代码复杂度	● 需要在 pipeline 之外执行额外的步骤来转换数据 ● 线性建立模型	● 源自 pipeline 的数据已准备好训练模型 ● 模型构建复杂	不确定
灵活性	可处理连续型列&分类型列	可处理连续型、分类型以及文本型列	深度学习

图 7.4　XGBoost 与 Keras 深度学习模型对比

● *性能*——XGBoost 模型开箱即用, 我们不需要对其进行调整, 其性能要比深度学习优秀。就测试集的准确度而言, 深度学习最高为 78.1%, XGBoost 则为 80.1%。对于召回率和假负值的数量(如第 6 章所述, 从用户体验的角度来说, 这一指标是衡量模型性能的关键)而言, XGBoost 的表现显然也更好。比较图 7.5 中 XGBoost 和图 7.6 中深度学习的混淆矩阵, 显然 XGBoost 更为优秀。

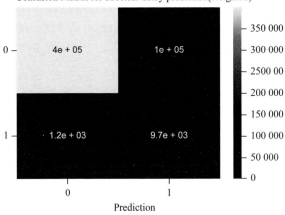

图 7.5　XGBoost 算法的混淆矩阵

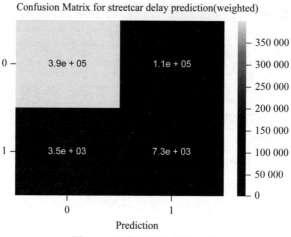

图 7.6　深度学习的混淆矩阵

- *训练时间*——在训练时间方面，深度学习模型比 XGBoost
  更为依赖硬件。在中等配置的 Windows 系统上，XGBoost 的
  训练时间不到 1.5 分钟，而深度学习运行试验 5 的时间将近
  3 分钟。但是对于实验 5(50 个迭代周期，提前停止的 patience
  参数设置为 15)，深度学习模型的训练时间很大程度上依赖于
  patience 参数的设置(实际运行多少次迭代，取决于验证准确度
  等性能指标，当这些指标不再提升时，训练停止)，以及环
  境中可用的硬件。虽然 XGBoost 的训练时间更短一些，但
  是两者使用的时间差异不大,且深度学习模型的训练性能非
  常多变，因此就训练时间而言，两种算法是不分伯仲的。
- *代码复杂度*——深度学习模型和 XGBoost 在代码复杂度方
  面相差无几。训练模型的代码有所不同罢了。在 fit 语句之
  前，深度学习模型需要在 get_model()函数中使用复杂的代
  码来构建模型，如第 5 章所述，该函数需要为不同类型的输
  入列组合不同的层。XGBoost 则不需要如此复杂的代码，
  但是需要额外的步骤，将一个 numpy 数组的列表(深度学习
  模型需要的数据格式)转换为一个含有多个列表的 numpy 数

组(XGBoost 需要的数据格式)。这里 XGBoost 的代码更简单一些,因为进行数据转换所需的代码比构建模型的代码更简单。但是,在灵活性方面,深度学习构建模型的代码起到了关键作用。

● *灵活性*——如第 5 章所述,深度学习模型可应用于多种结构化数据集。这里使用的 XGBoost 代码是由深度学习模型的代码改造而来的,因此它也得益于这种灵活性。在 streetcar_model_training_xgb notebook 中的实现同样适用于多种结构化数据集。但是有一个重要的例外:深度学习模型还适用于包含自由格式文本列的数据集。如第 4 章所述,有轨电车延误数据集中并不包含这样的列,但是这样的列在其他许多结构化数据集中都是很常见的。

例如,思考一下用来跟踪在线鞋类零售站点中待售商品的表格。该表可能包含连续型列(如价格)和分类型列(如颜色和鞋码)。此外,它可能包含描述各商品信息的自由格式的文本列。深度学习模型能处理这样的文本型列,并从中获取训练数据。XGBoost 则需要排除这样的列。因此,在这个重要的方面,深度学习比 XGBoost 更具灵活性。

值得注意的是,我们可通过最少的额外工作来使 streetcar_model_training notebook 中的代码适用于 XGBoost。在开始训练 XGBoost 模型时可发现,除了需要设置 scale_pos_weight 参数来解决输入数据集中无延迟记录比延迟记录多得多的不平衡问题之外,XGBoost 模型始终都要优于深度学习模型。

在有轨电车延误预测问题上对比深度学习模型和 XGBoost 可得出什么最终结论? XGBoost 的性能要优于深度学习模型,并且 XGBoost 更易于集成到为深度学习模型创建的现有代码结构中。回想一下之前提到的基于汽车的类比,你会发现 XGBoost 相当于一种很容易安装到现有汽车中并开始运行的引擎。那么,这是否意味着,这里进行比较的结果恰好符合传统的观点,即非深度学习算法(尤其是 XGBoost)比深度学习算法更适合处理结构化数据问题？

　　如果将目前的有轨电车延误预测问题冻结起来，那么答案可能是肯定的。但是，不能天真地期望实际情况下模型也不会发生改变。如第 9 章所述，我们可考虑一下其他数据集，从而对有轨电车延误预测模型进行扩展和改进。一旦进行了这些改进，就可发现 XGBoost 算法的局限性所在。例如，任何包含自由格式文本列的数据集(如第 9 章中描述的天气数据集)都可轻易地合并到深度学习模型当中，而 XGBoost 没有这种能力。XGBoost 显然不适用于第 9 章中描述的有轨电车延误预测问题的某些扩展情况。如果结构化数据集包含任意一种 BLOB 数据(Binary Large Object，二进制大对象，可参考 https://techterms.com/definition/blob)列(如图像、视频或音频)，XGBoost 就会变得不适用了。如果我们需要一种能广泛适用于各种表格结构化数据的解决方案，XGBoost 就不行了。尽管 XGBoost 在特定应用的性能方面能击败深度学习，但是深度学习能利用各种结构化数据，这种灵活性是 XGBoost 望尘莫及的。

7.5　改进深度学习模型可能的后继步骤

　　完成第 6 章中介绍的所有实验之后，我们可得到经过训练的模型，该模型在测试集上的准确度略高于 78%，而召回率则为 0.79。那么，还可采取哪些步骤来提高后继迭代训练的性能呢？一些想法如下：

- *调整特征组合*。深度学习模型中使用的特征集相对有限，以使训练过程尽可能简单。我们可添加一些地理空间指标特征，如第 4 章中描述的根据地址生成的纬度和经度值。或者如第 9 章所述，可为每条路线添加边框，从而将每条路线划分成横向路段(例如，将每条路线划分为 10 个路段)，并将这些路段用作训练模型的特征之一。这种方法可将延迟分隔到每条路线的特定子集中，且能改善模型性能。

- *调整延迟阈值*。如果构成延迟的阈值太小，那么模型不会太有用，因为短暂的延迟也会被视作事件。另一方面，如果将阈值设置得过高，模型的预测值就会缺少价值，因为它无法捕捉对旅行者造成不便的延迟。该边界的调整是通过设置模型训练配置文件中的 targetthresh 参数来实现的。调整该阈值可改善模型的性能，尤其是随着时间的推移，输入数据不断变化时。如第 3 章所述，多年来，总的延迟趋势是延迟频率升高，但是延迟时间缩短。因此，我们可能需要将 targetthresh 参数逐渐设置为较小的值。
- *调整学习率*。学习率控制着每次迭代训练中权重的调整幅度。如果学习率被设置得太高，则训练过程可能会跳过损失函数最小的那个数据点。如果设置得太低，则训练过程会变慢，需要花费更长的时间和系统资源。在训练模型的早期阶段，我们调整了学习率，并且确定了当前模型训练配置文件中的值，因为它可产生稳定的训练结果。如果进行进一步的实验，并对学习率进行微调，可提高模型的性能。

　　这里使用的模型一开始就达到了预先设定的性能目标(准确度超过 70%)，但它始终都有改进的空间。上面列出了可对深度学习模型进行的某些潜在的微调方法，以提高模型的性能表现。如果到目前为止你已经完成了代码的编写，建议你尝试一下本节中推荐的方法并进行实验，看看这些调整是否能改进模型的性能。

7.6　本章小结

- 默认情况下，我们会丢弃数据集中包含不良值的记录。你可进行实验来验证这一选择，并证明用删除了不良值的数据集训练出来的模型，比那些用包含不良值的数据集训练出来的模型具有更好的性能。

- 默认情况下，该模型包含分类型列的嵌入层。你可进行实验来证明，与没有使用分类型列嵌入层的模型相比，包含分类型列嵌入层的模型具有更好的性能。

- 对于涉及表格结构化数据的问题，XGBoost 是当前默认的机器学习算法。可在模型训练 notebook 的某个版本中执行一系列的实验，在这些实验中，使用 XGBoost 算法代替深度学习。

- XGBoost 算法在有轨电车延误预测问题上的确比深度学习表现得更好一些。但是性能并不是唯一的衡量标准，深度学习在灵活性方面更胜一筹。

第 *8* 章

模型部署

本章涵盖如下内容:
- 模型部署概述
- 部署与一次性评分
- 为何说模型部署是一个很难的课题
- 模型部署的步骤
- pipeline 简介
- 模型部署之后的维护

第 6 章描述了如何训练深度学习模型来预测有轨电车的延误情况,然后第 7 章介绍了另外一组实验来探索模型的行为。现在,我们有了训练好的模型,可研究两种模型部署的方法了。或者换句话说,有轨电车用户可使用这一模型预测其旅程是否会延误了。首先,本章将概述模型的部署过程;然后,将第 6 章中介绍的一次性评分与部署进行对比;接下来,将使用两种方法来讲述模型部署的具体步骤:Web 部署和 Facebook Messenger 部署。之后,本章将讲解如何使用 pipeline 对数据准备过程进行封装,并详细介绍如何实现有

轨电车延误预测模型的 pipeline。本章结尾部分将介绍模型部署之后
应如何进行维护。

　　注意：前几章提到的为进行有轨电车延误预测而训练的 Keras
深度学习模型与本章即将介绍的第二种部署方法中使用的 Rasa 聊天
机器人模型不同，为避免混淆，这里将前者称为 Keras 模型。

8.1　模型部署概述

　　部署是让深度学习模型变得有用的关键步骤。部署意味着把训
练好的模型提供给开发环境之外的用户或者其他程序。换言之，部
署就是让经过训练的模型能够为外界所用。部署可能意味着通过
REST API 将模型提供给其他应用程序使用，或者是像本示例中这
样，将模型直接提供给那些希望了解其有轨电车旅程是否会延误的
用户。

　　回顾一下第 4 章中介绍的端到端流程图，可知部署部分即图 8.1
中右侧的内容。

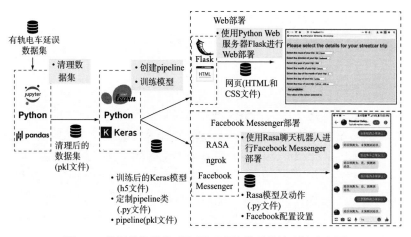

图 8.1　从原始数据集到部署已训练模型的端到端流程图

本章将使用两种方法来部署训练完毕的模型。

- *Web 部署*——这种最小化的部署方式使用 Flask(https://flask.
palletsprojects.com/en/1.1.x，一种用于 Python 的基础 Web 应
用程序框架)来提供网页服务，用户可在其中指定行程参
数并查看模型的预测结果。该解决方案包括一个用于
Flask 服务器的 Python flask_server.py 文件及相关的代码，
同时包含两个用于获取评分参数(home.html)和显示结果
(show-prediction.html)的 HTML 文件。HTML 页面 home.html
包含用于收集评分参数(如路线、方向和时间)的 JavaScript
函数。这些评分参数将被传递到 flask_server.py 的 Python
代码中。该代码将 pipeline 应用于评分参数，并将经过训
练的模型应用于 pipeline 的输出。默认情况下，Flask 在
localhost 提供网页服务。第 9 章将介绍如何使用 ngrok
(https://ngrok.com) 来让无法访问开发系统的用户访问
localhost 提供的网页。

- *Facebook Messenger 部署*——Web 方式的部署很简单，但是
用户体验不太理想。为了提供更好的用户体验，此处还将使
用 Facebook Messenger 中公开的 Rasa 聊天机器人来部署模
型。为完成模型部署，这里将把第 6 章中完成训练的模型和
pipeline 一起集成到 Rasa 的 Python 层当中，从而准备新的
数据点，让模型产生预测结果。用户将输入他们的请求，从
而通过 Facebook Messenger 来确定特定有轨电车旅程是否
会延误。Rasa 聊天机器人将解析这些请求，并将旅程信息(如
路线、方向、日期/时间等)传递给与 Rasa 聊天机器人相关
联的 Python 代码。这些代码(评分代码)会将 pipeline 应用于
行程信息，将经过训练的 Keras 模型应用于 pipeline 的输出，
然后根据 Keras 模型作出的预测来组成响应信息。最后，该
信息将返回给 Facebook Messenger 中的用户。

8.2　既然部署工作很重要，那为何又如此艰难？

部署工作决定了实验模型与可带来收益的模型之间的不同。不幸的是，有关深度学习的入门资料往往忽略了部署相关的内容。就连一些专业的云服务商都还没有提供简化的模型部署方法。为什么会这样呢？

部署是有难度的，因为它会涉及多个技术主题，而这些主题远远超出了本书目前已介绍的深度学习相关内容。要在工业级的强大生产环境中部署模型，需要使用广泛的技术栈，其中可能包含 Azure或者 AWS 等云平台、用于容器化和编排的 Docker 及 Kubernetes、为已训练的模型提供可调用界面的 REST API，以及为模型提供前端的网络基础架构等。该技术栈非常复杂，并且在技术上要求比较高。为了进行最小化、最简单的 Web 部署(参见 8.5 和 8.6 节)，需要使用Web 服务器、HTML 以及 JavaScript。所有这些知识都是到目前为止你所学的机器学习(特别是深度学习)相关知识的补充。

本章将介绍两种截然不同的部署方法：Web 部署以及 Facebook Messenger 部署。Web 部署相对比较容易，但是对于有轨电车延误预测问题而言，用户体验并不理想。毕竟，该模型的实际用户不太可能想通过访问单独的网站来确定其有轨电车旅程是否会出现延误情况。但他们可能会乐意在 Facebook Messenger 中进行简短的聊天来获取相同的信息。这两种部署方法都是免费的，并且均使用了开源的技术栈(Facebook Messenger 本身除外)。这两种部署方法都允许你完全从本地系统进行部署，同时给他人提供访问权限，共享模型结果。

8.3　回顾一次性评分

第 6 章介绍了如何获取新的数据记录，并将训练好的模型应用于该记录，以获得预测结果。此处将这种快速运行已训练模型的方

法称为一次性评分。我们可使用 one_off_scoring.py 这一 Python 文件
来查看示例，学习如何手动准备单个数据点，并使用已训练好的模
型对该数据点进行预测(也称为评分)。

　　要理解完整部署的意义，可将一次性评分与完整部署进行对比。
图 8.2 对一次性评分进行了总结。

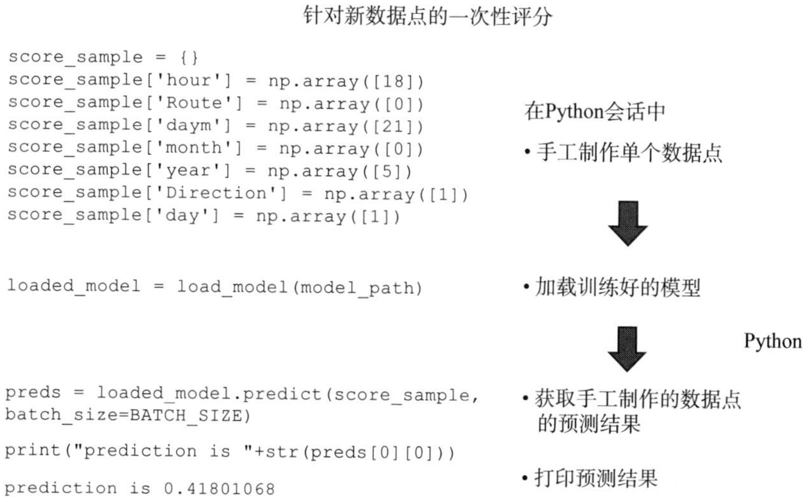

针对新数据点的一次性评分

```
score_sample = {}
score_sample['hour'] = np.array([18])
score_sample['Route'] = np.array([0])
score_sample['daym'] = np.array([21])
score_sample['month'] = np.array([0])
score_sample['year'] = np.array([5])
score_sample['Direction'] = np.array([1])
score_sample['day'] = np.array([1])


loaded_model = load_model(model_path)


preds = loaded_model.predict(score_sample,
batch_size=BATCH_SIZE)

print("prediction is "+str(preds[0][0]))

prediction is 0.41801068
```

在Python会话中

· 手工制作单个数据点

· 加载训练好的模型

Python

· 获取手工制作的数据点
　的预测结果

· 打印预测结果

图 8.2　Python 会话中的一次性评分总结

　　要在 Python 会话的上下文中进行一次性评分，需要手动准备要
评分的数据点。与其直接处理要评分的值(例如，route = 501，direction
= westbound，以及 time = 1:00 pm today)，不如先准备一个已经完成
所有数据转换的数据点，如使用整数值来代替 501 路线值。此外，
我们还需要将数据点加载到模型期望的数据结构: numpy 数组列中。
当准备好所需格式的数据点，并使用经过训练的模型来进行预测时，
可在 Python 会话中显示预测结果。如你所见，一次性评分适用于对
训练后的模型进行快速的可用性检测。但是一次性评分是在 Python
会话中完成的，并且需要手动准备输入数据，因此该方法不适合用
来对模型进行规模性测试，也不适合提供给最终用户。

8.4　Web 部署的用户体验

对于有轨电车的延误预测问题，我们需要一种简单的方法，让希望获取延误预测信息的用户指定其旅程，同时需要以一种简单的方法来显示模型的预测结果。Web 部署是实现这一目标的最为简单的方法。

8.5 节将详细介绍如何对训练好的深度学习模型进行 Web 部署。但是在此之前，我们先了解一下 Web 部署完成之后的用户体验(如图 8.3 所示)。

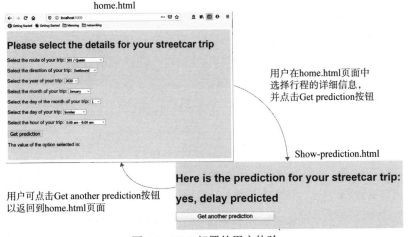

图 8.3　Web 部署的用户体验

(1) 用户打开 home.html(由 Flask 在 localhost:5000 上提供)并选择他们要预测的旅程的详细信息：路线、方向、年、月、月份中的日期、星期几以及小时。

(2) 用户点击 Get prediction 按钮。

(3) 预测结果显示在 show-prediction.html 页面中。

(4) 用户可点击 Get another prediction 按钮以返回到 home.html 页面，并输入另外一个旅程的详细信息。

8.5　通过 Web 部署来部署模型的步骤

8.4 节介绍了 Web 部署的用户体验。本节将引导你一步步地完成已训练模型的本地 Web 部署。

如 8.4 节所述，Web 部署依赖 Flask 提供的 Web 页面和相关代码服务。关于 Flask 的详细信息已经超出了本书的范围，但是，如果你想进一步了解这个易于使用的 Python Web 应用程序框架的背景知识，可参考 http://mng.bz/oRPy 上的简明教程。

当然，Flask 并不是使用 Python 进行 Web 部署的唯一选项。Django(https://www.djangoproject.com)是另外一种 Python Web 应用程序框架。与 Flask 的简单性相比，Django 提供了更为丰富的功能集合。关于 Flask 和 Django 的比较，可参考 http://mng.bz/nzPV。出于有轨电车延误预测项目的目的，这里选择了 Flask，因为此项目不需要复杂的 Web 应用来部署模型，且 Flask 比较容易上手。

在 GitHub 上复制了与本书相关的内容(http://mng.bz/v95x)之后，可在下面的代码清单 8.1 中看到相应的目录结构。

代码清单 8.1　与模型部署相关的代码

```
├── data
├── deploy
│   ├── data
│   ├── input_sample_data
│   ├── keras_models
│   ├── models
│   ├── pipelines
│   ├── test_results
│   └── __pycache__
├── deploy_web
│   │   static
│   ├── └── css
│   ├── templates
│   └── __pycache__
├── models
├── notebooks
│   ├── .ipynb_checkpoints
```

```
|    └── __pycache__
├── pipelines
└── sql
```

与 Web 部署相关的文件包含在 deploy_web 子目录中，如代码清单 8.2 所示。

代码清单 8.2　与 Web 部署相关的代码

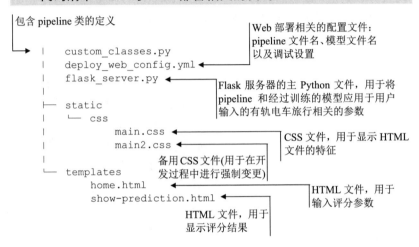

放置好文件之后，让 Web 部署正常运行的步骤如下。

(1) 转到本地实例中的 deploy_web 子目录下。

(2) 编辑 deploy_web_config.yml 配置文件，设置要用于部署的已训练模型和 pipeline 文件。如果你使用的是按照第 6 章中的说明创建的模型和 pipeline 文件，请确保使用的是来自同一次运行的 pipeline 和模型文件，如代码清单 8.3 所示。

代码清单 8.3　在 Web 配置文件中设置参数以进行 Web 部署

```
general:
    debug_on: False
    logging_level: "WARNING"
    BATCH_SIZE: 1000
```

将 pipeline1_filename 和 pipeline2_filename 这两个参数的值替换为要使用的 pipeline 文件的文件名。该文件是 pipelines 子目录中的 pickle 文件。pipelines 目录是与 deploy_web 同级的子目录。这里只需要对 pipeline 和模型文件指定文件名，其他路径则在 flask_server.py 中生成

```
file_names:
    pipeline1_filename: sc_delay_pipeline_dec27b.pkl
    pipeline2_filename: sc_delay_pipeline_keras_prep_dec27b.pkl
    model_filename: scmodeldec27b_5.h5
```

将 model_filename 参数的值替换为你用来保存准备使用的已训练模型的文件的名称——models 子目录中的 h5 文件

(3) 如果尚未安装 Flask，则执行如下命令进行安装：

```
pip install flask
```

(4) 输入如下命令来启动 Flask 服务器及相关代码：

```
python flask_server.py
```

(5) 在浏览器中输入如下 URL 来加载 home.html：

```
localhost:5000
```

(6) 如果一切正常，你将看到如图 8.4 所示的 home.html 页面。

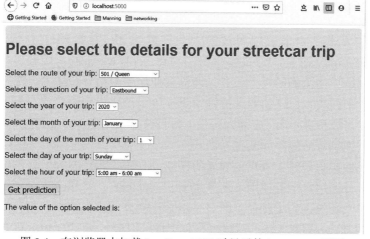

图 8.4　在浏览器中加载 localhost:5000 时显示的 home.html 页面

(7) 进行可用性测试。为了设置评分参数，需要选择路线、方向以及时间/日期的值，然后点击 Get prediction 按钮。该单击会启动预测处理(加载 pipeline，加载训练好的模型，以及使用 pipeline 和已训练的模型进行评分)，这可能需要一段时间，因此要耐心等待该步骤运行完毕。

(8) 如果你的 Web 部署是成功的，那么你将看到 show-prediction. html 页面及其对旅程的预测结果，如图 8.5 所示。

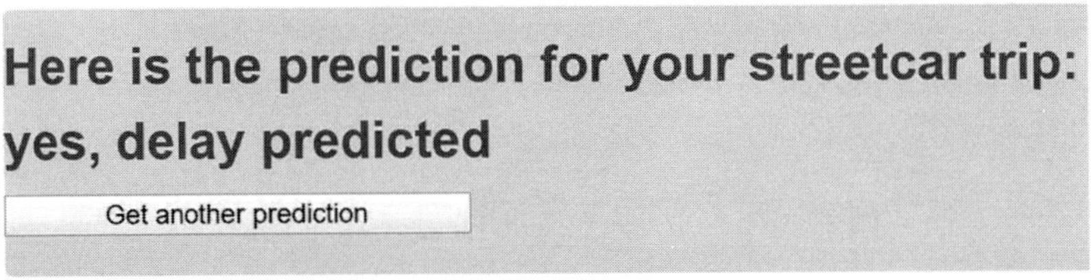

Here is the prediction for your streetcar trip: yes, delay predicted

Get another prediction

图 8.5　Web 部署可用性测试成功

(9) 如果你想尝试运行另外一组评分参数，可点击 Get another prediction 按钮以返回到 home.html 页面，然后输入新旅程的评分参数。

就这样，如果你到了这一步，说明你已经成功地对训练好的深度学习模型完成了 Web 部署。如你所见，即便是这种简单的部署，也需要本书中未曾使用过的一些技术，如 Flask、HTML 以及 JavaScript。如 8.8 节所述，为了在 Facebook Messenger 中部署模型以获得更为流畅的用户体验，还需要使用更多组件和技术。部署工作对不同技术组件的要求恰好说明了 8.2 节中提到的观点：部署深度学习模型并不容易，因为这项工作目前需要用到许多和数据准备、模型训练等截然不同的技术。

如果想与他人分享已部署的模型，还需要使用 ngrok，让本地系统之外的用户也能使用本地系统上的 localhost。第 9 章将对此进行描述。注意，如果你使用的是 ngrok 的免费版本，那么一次只能运行一台 ngrok 服务器。这样，你将无法同时运行模型的 Web 部署和 Facebook Messenger 部署。

8.6 Web 部署的幕后知识

现在深入探讨一下在 Web 部署幕后发生的事情。图 8.6 显示了整个堆栈的流程：从用户在 home.html 页面中输入其预定有轨电车旅程的详细信息，到用户在 show-prediction.html 页面中获得回应的全部过程。关于图 8.6 中编号步骤的详细内容，请参考如下列表。

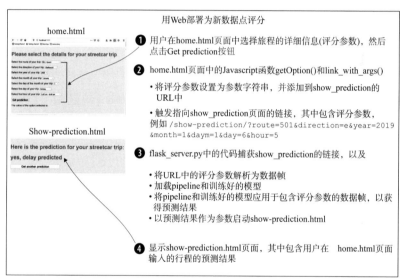

图 8.6 Web 部署中从查询到返回结果的往返流程

(1) 在 Flask 提供的 localhost:5000 上的 home.html 页面中，用户在路线、方向和时间/日期的下拉列表中选择要预测的有轨电车旅行的详细信息，然后点击 Get prediction 按钮。

(2) home.html 页面中的 Javascript 函数 getOption() 获取用户在下拉列表中选择的评分参数，并构建一个包含这些参数的 URL。另一个 Javascript 函数 link_with_args() 则设置与 Get prediction 按钮相关的链接，并将包含 getOption() 中构建的 URL。如代码清单 8.4 所示。

代码清单 8.4 Javascript 函数 getOption()的代码

为每个评分参数创建
querySelector 对象

```
function getOption() {
selectElementRoute = document.querySelector('#route');
selectElementDirection = document.querySelector('#direction');
selectElementYear = document.querySelector('#year');
selectElementMonth = document.querySelector('#month');
selectElementDaym = document.querySelector('#daym');
selectElementDay = document.querySelector('#day');
selectElementHour = document.querySelector('#hour');
route_string = \
selectElementRoute.options[selectElementRoute.selectedIndex
].value
direction_string = \
selectElementDirection.options[selectElementDirection.\
selectedIndex].value
year_string = \
selectElementYear.options[selectElementYear.selectedIndex].value
month_string = \
selectElementMonth.options[selectElementMonth.selectedIndex].value
daym_string = \
selectElementDaym.options[selectElementDaym.selectedIndex].value
day_string = \
selectElementDay.options[selectElementDay.selectedIndex].value
hour_string = \
selectElementHour.options[selectElementHour.selectedIndex].value
// build complete URL, including scoring parameters
prefix = "/show-prediction/?"
window.output = \
prefix.concat("route=",route_string,"&direction=",direction_string,\
"&year=",year_string,"&month=",month_string,"&daym=",daym_string,\
"&day=",day_string,"&hour=",hour_string)
document.querySelector('.output').textContent = window.output;
}
function link_with_args(){
```

将每一个评分参数的值加载进 JS 变量中

为目标 URL 设置前缀

将每个评分参数值对应的
参数添加到目标 URL 中

```
getOption();
console.log("in link_with_args");
console.log(window.output);
window.location.href = window.output;
}
```

将目标URL设置为与
Get prediction 按钮相
关的链接目标

调用 getOption()来构建目标 URL，目标 URL 如：/show-prediction/?route=501&direction
=e&year=2019&month=1&daym=1&day=6&hour=5

(3) flask_server.py 包含视图函数(http://mng.bz/v9xm)，即 Flask
模块中处理不同路线/URL 的函数，用于构成部署的每个 HTML 文
件。show-prediction 的视图函数包含了评分相关的代码，如下面的
代码清单 8.5 所示。

代码清单 8.5　show-prediction 页面中的视图函数代码

home.html 中的视图函数；这是用户导
航到 localhost:5000 时执行的函数

将 URL 中的参数(由 home.html
中的 link_with_args()JavaScript
函数加载的评分参数)加载到
Python 字典当中

```
@app.route('/')
def home():
    title_text = "Test title"
    title = {'titlename':title_text}
    return render_template('home.html',title=title)

@app.route('/show-prediction/')
def about():
    score_values_dict = {}
    score_values_dict['Route'] = request.args.get('route')
    score_values_dict['Direction'] = request.args.get('direction')
    score_values_dict['year'] = int(request.args.get('year'))
    score_values_dict['month'] = int(request.args.get('month'))
    score_values_dict['daym'] = int(request.args.get('daym'))
    score_values_dict['day'] = int(request.args.get('day'))
    score_values_dict['hour'] = int(request.args.get('hour'))
    loaded_model = load_model(model_path)
    loaded_model._make_predict_function()
    pipeline1 = load(open(pipeline1_path, 'rb'))
    pipeline2 = load(open(pipeline2_path, 'rb'))
```

show-prediction.html 页面中
的视图函数；这是用户点击
home.html 页面中的 Get
prediction 链接时执行的函数

home.html
页面中的视
图函数将渲
染页面

加载
pipeline
对象

加载训练后的模型。
请注意，model_path
是早先使用配置文件
deploy_web_config.yml
中加载的值，在 flask_
server.py 中构建的

```
score_df = pd.DataFrame(columns=score_cols)
for col in score_cols:                创建包含评分参数的数据帧
    score_df.at[0,col] = score_values_dict[col]
prepped_xform1 = pipeline1.transform(score_df)
prepped_xform2 = pipeline2.transform(prepped_xform1)
pred = loaded_model.predict(prepped_xform2, batch_size=
BATCH_SIZE)
if pred[0][0] >= 0.5:            将预测结果转换为字符串
    predict_string = "yes, delay predicted"
else:
    predict_string = "no delay predicted"
prediction = {'prediction_key':predict_string}
# render the page that will show the prediction
return(render_template('show-prediction.html', \
prediction=prediction))
```

将评分参数加载进数据帧

将 pipeline 应用于评分参数数据帧

将训练后的模型应用于 pipeline 的输出以进行预测

以预测字符串作为参数来渲染 show-prediction.html

为输出的预测字符串创建字典

(4) Flask 提供了 show-prediction.html 页面，显示了视图函数为 flask_server.py 中的 show-prediction.html 页面生成的预测字符串。

本节详细介绍了我们在进行 Web 部署时幕后所发生的事情。该 Web 部署的重点在于说明一个简单而又完整的部署流程。你可能会认为该 Web 部署尚有改善的空间，如果你是一位经验丰富的 Web 开发人员的话，那么你更可能产生这样的想法。例如，可将预测结果显示在 home.html 页面上，而不是单独的页面。此外，可在 home.html 中添加一个按钮，让用户指定现在就要开始的旅程。为了使部署过程尽可能基础，本节在 Web 部署的简单性方面犯了错误。8.7～8.10 节将描述一种更为优雅的部署方式，它更适合用来预测有轨电车延误问题。但是，这里介绍的 Web 部署提供了一种简单的部署结构，可对其进行修改(对 HTML 和 JavaScript 进行一些修改)，以部署其他简单的机器学习模型。

8.7　使用 Facebook Messenger 部署的用户体验

Web 部署的用户体验很简单，但它有一些严重的局限性。

- 用户必须访问特定的网站。
- 用户必须输入旅程的全部信息，不能有假设。
- 输入行程参数和预测结果的页面显示为不同的网页。

我们当然可花费更多时间来解决 Web 部署中遇到的这些问题，从而完善该部署。但是，也可使用一种更好的办法来改善用户体验：在 Facebook Messenger 中进行部署。图 8.7 显示了用户如何在 Facebook Messenger 中使用用部署的模型轻易获得旅程的预测结果。

图 8.7　基于已部署模型的新数据点评分

可将用户在 Facebook Messenger 部署方面的评分经验与 Web 部署方面的经验进行对比。使用 Facebook Messenger 部署的模型，用户只需要在 Facebook Messenger 中输入英文句子，即可获得预测结果。用户可提供最少量的信息，但依然可获得预测结果。最为重要的是，用户输入请求和收到预测结果均在 Facebook Messenger 中进行，这是一种适合轻量级交互的环境。

使用带有 Rasa 的 Facebook Messenger 进行模型部署的另一个好处就是灵活性。在图 8.8 中，将每一组问答标记为①～④的数字。思考一下使用相同数字标记的问答，这些问答中的每个查询具有相同的含义，尽管其中的每个问题在表述上存在着一些差异，但 Rasa 模型依然能检测到这一点。Rasa 模型可从 nlu.md(单话语示例)和 stories.md(多话语示例)示例(训练 Rasa 模型所用的示例)中获得类似的功能。这两种训练示例使 Rasa 能解析特定于有轨电车旅行的语言。

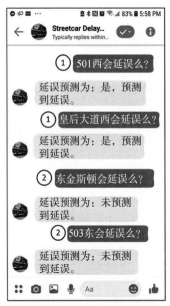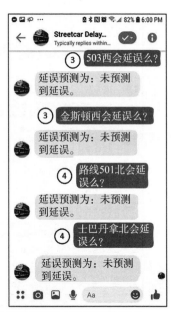

图 8.8　Rasa 模型正确地将不同的问题解析为相同的查询请求

使用 Rasa 编写的聊天机器人的功能大都来自 Rasa 默认的 NLP(自然语言处理)能力。值得一提的是，Rasa 的 NLP 功能是基于深度学习技术的。因此，深度学习驱动了端到端解决方案的两个部分(包括本章中描述的 Facebook Messenger 部署)，如图 8.9 所示。

- 贯穿本书的有轨电车延误预测深度学习模型。
- 潜存于 NLP(将 Rasa 用作有轨电车延误模型部署的一部分而

获得的 NLP 能力)中的深度学习。

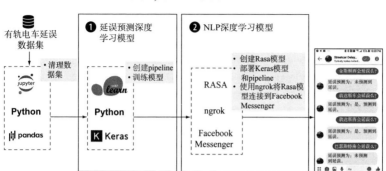

通过Facebook Messenger
部署有轨电车延误预测模型

图 8.9 深度学习技术驱动了 Facebook Messenger 部署的端到端
解决方案中的两个部分

8.8 使用 Facebook Messenger 部署的幕后知识

那么，当用户在 Facebook Messenger 中输入有关有轨电车旅行
的问题时，其幕后究竟发生了什么呢？图 8.10 显示了从用户输入
查询到 Facebook Messenger 显示响应的整个流程。如想进一步了解
图 8.10 中带编号的步骤，请参考下列说明。

(1) 当用户在 Facebook Messenger 中输入查询时，该查询将被简
化的 Rasa 聊天机器人捕获。

(2) Rasa 将 NLP 模型应用于查询，以获取键值(插槽信息)，这
些键值显示了有关用户想预测的行程的详细信息：路线名称或编号、
方向以及时间。

(3) Rasa 将这些插槽值传递给以 Python 编写的定制化操作类
(actions.py 中评分代码的一部分)。该类中的代码将会解析这些插槽
值并为空的插槽设置默认值。尤其是，如果用户未在查询中指定时
间信息，定制化操作代码则会将星期几、月份和年份设置为当前日
期和时间。

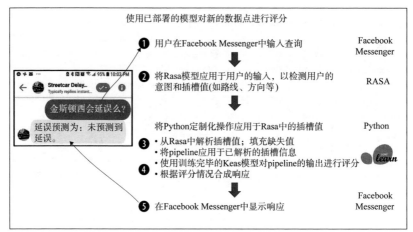

图 8.10   使用 Facebook Messenger 部署时从查询到响应的往返流程

(4) 定制化操作使用与训练数据相同的 pipeline 来准备行程信息。关于 pipeline 的更多背景信息，请参考 8.11～8.13 节。然后，定制化操作通过训练完毕的深度学习模型对准备好的行程数据进行评分。

(5) 最后，定制化操作会合成一个响应，并将该响应发送给 Facebook Messenger 中的用户。

8.9   关于 Rasa 的更多背景知识

关于 Rasa 聊天机器人框架的详细信息超出了本书的范围。此外，GitHub 上的内容含有本模型部署所需的全部最新的 Rasa 文件。按照 8.10 节中的步骤进行部署后，你就不必更新其他与 Rasa 相关的文件了。但是，如果你想进一步了解 Rasa 的工作原理，本节将为你提供一些额外的背景知识，包括 Rasa 的核心概念以及其他的一些相关信息。

Rasa 是一个开源的聊天机器人开发框架，可让你使用自然语言界面创建和训练聊天机器人。它提供了一组简单的接口，使你可利

用其内置的 NLP，而不必处理训练 NLP 模型的相关细节。将 Rasa
与 Python 结合起来使用，就可编写复杂的操作来回应用户输入的问
题了。它还可连接包括 Facebook Messenger 在内的各种消息传递平
台。总而言之，Rasa 框架几乎提供了简便部署所需的全部内容，包
括自然语言的解释、与 Python 的连接，以及 Facebook Messenger 的
终端用户界面等。

　　Rasa 接口是围绕着一系列关于聊天机器人的概念构建而成的。

- *意图*(intent)——用户输入的目标，例如获得预测等。

- *操作*(action)——聊天机器人系统可执行的操作。一个简单的
  操作可以是预先录好的文本响应(例如，打招呼时返回 hello
  等)。部署深度学习模型时，在 actions.py 文件中将操作定义
  为 Python 中的类 ActionPredictDelayComplete。该操作将获
  得 Rasa 从用户输入中提取到的插槽(slot)值，并填充那些插
  槽中未设置的值，然后使用 pipeline 来处理这些值，并将
  pipeline 的输出应用于训练完毕的模型，最后根据模型的预
  测结果来组织返回给用户的响应。

- *插槽*(slot)——一组键和值，可用来捕获用户的基本输入。在
  本示例部署的深度学习模型中，模型期望的所有输入列(路
  线、方向、小时、月份等)均定义了插槽。

- *故事*(story)——从用户和聊天机器人之间的对话抽象而来，
  可表示多层来回的交互。深度学习模型部署中的主要故事就
  是一个简单的交互：用户咨询行程是否会延误，聊天机器人
  则提供响应，表明是否会延误。

　　图8.11显示了用于训练Rasa模型的关键文件以及这些文件中定
义的 Rasa 对象。在训练 Rasa 模型时(参见 8.10 节)，Rasa 使用 nlu.md
和 stories.md 文件中的训练数据来训练模型。

```
nlu.md
语句级别的训练数据。示例条目:
   ## intent: predict_delay_complete
   - will route [501](Route) [eastbound](Direction:e) be delayed?
   - will [St Clair](Route:512) [eastbound](Direction:e) be delayed?


stories.md
多语句级别的训练数据。示例条目:
   ## New Story* predict_delay_complete{"Route":"501","Direction":"e"}
   - slot{"Route":"501"}
   - slot{"Direction":"e"}
   - action_predict_delay_complete


domain.yml
所有Rasa级别的对象定义,包括意图、插槽以及操作。示例条目:
   slots:
      Direction:
         type: categorical
         initial_value: e
         values:
         - n
         - e
         - s
         - w
         - b
```

图 8.11　定义的关键 Rasa 文件及对象

　　Rasa 框架中的另一个关键文件是 actions.py,该文件包含了 Python 的定制化操作。如果说 Facebook Messenger 是模型部署的漂亮脸蛋,Rasa 的 NLP 功能是其动听的声音的话,actions.py 就是部署的大脑了。接下来仔细看一下 actions.py 中的代码,该代码用于获取 Rasa 设置的插槽值。

　　Rasa 和 actions.py 之间的连接是 actions.py 中定制化类内的 tracker 结构。tracker.get_slot()方法可让你获取由 Rasa 设置的插槽值;如果 Rasa 没有为插槽设置值,该值则为 None。actions.py 将循环遍历从 Rasa 传递过来的插槽值,并加载这些值(如果 Rasa 没有设置插槽值,则用其默认值)对应的评分数据帧列,如下面的代码清单 8.6 所示。

代码清单 8.6 用于将 Rasa 中的插槽值加载到数据帧的代码

```
for col in score_cols:
    if tracker.get_slot(col) != None:          ← 如果插槽已设置，
        if tracker.get_slot(col) == "today":        则直接使用其值
            score_df.at[0,col] = score_default[col] ←
        else:
            score_df.at[0,col] = tracker.get_slot(col) ←
    else:
        score_df.at[0,col] = score_default[col]
```

如果日期被 Rasa
设置为今天，则
使用默认值，即
当前日期

如果 Rasa 中没有设置值(如日期和时间)，则
使用默认值，即当前时间/日期

另外，对于要评
分的数据帧，将
其设置为 Rasa 中
的插槽值

本节简要介绍了 Rasa 中的一些关键概念。关于 Rasa 的更多信息，可参考 https://rasa.com。通过该网站可大致了解 Rasa 及其架构。

8.10 使用 Rasa 在 Facebook Messenger 中部署模型的步骤

本节将介绍使用 Facebook Messenger 进行模型部署的相关步骤。完成这些步骤之后，我们就可拥有一个部署完毕的深度学习模型，并从 Facebook Messenger 中进行查询。

在 GitHub 上复制了与本书有关的内容(http://mng.bz/v95x)之后，可在 deploy 子目录中找到与 Facebook Messenger 部署相关的文件，如下面的代码清单 8.7 所示。

代码清单 8.7 与 Facebook Messenger 部署相关的代码

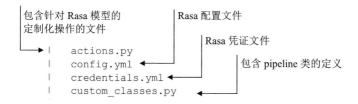

包含针对 Rasa 模型的
定制化操作的文件

Rasa 配置文件

Rasa 凭证文件

包含 pipeline 类的定义

```
|    actions.py
|    config.yml
|    credentials.yml
|    custom_classes.py
```

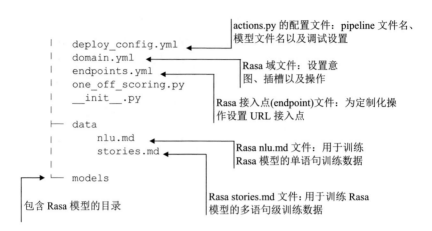

在步骤(1)～(4)中，你将通过安装 Python 和 Rasa 开源聊天机器人环境来完成基本配置。

(1) 如果你尚未在本地系统上安装 Python 3.7(https://www.python.org/downloads)，则先把它安装好。

注意：在 Python 3.8 中，Rasa 与 TensorFlow 之间的相关性存在问题，因此请确保你安装的是 Python 3.7，以免 Rasa 在安装过程中出现问题。还要注意，Rasa 与 TensorFlow 2 并不兼容。因此用于 Facebook Messenger 部署的 Python 环境，要与训练 Keras 模型的 Python 环境分开。

(2) 安装开源聊天机器人框架 Rasa(https://rasa.com/docs/rasa/user-guide/installation)：

```
pip install rasa
```

如果你是在 Windows 环境下，并且在 Rasa 安装过程中遇到了问题，其显示的信息提示你需要 C++，那么，可先下载并安装 Visual C++ Build Tools(http://mng.bz/4BA5)，然后重新运行 Rasa 安装程序。

(3) 进入 deploy 目录。

(4) 在 deploy 目录下运行以下命令来创建基本的 Rasa 环境：

```
rasa init
```

(5) 在 deploy 目录中运行如下命令，从而在 Rasa 的 Python 环境中调用 actions.py。如果你看到任何关于缺少库的信息，请运行 pip install 来安装缺失的库：

```
rasa run actions
```

在步骤(6)~(13)中，你将设置 ngrok(用来将本地系统上的部署环境与 Facebook Messenger 连接)，并设置连接部署环境与 Facebook Messenger 所需的 Facebook 应用和 Facebook 页面。

(6) 安装 ngrok(https://ngrok.com/download)。

(7) 在 ngrok 的安装目录中调用 ngrok，使本地主机可使用 5005 端口来连接 Facebook Messenger。在 Windows 上执行的命令如下：

```
.\ngrok http 5005
```

(8) 在 ngrok 的输出中记录下 https 转发的 URL，如图 8.12 所示。步骤(13)将会用到该 URL。

图 8.12　调用 ngrok 的输出结果

(9) 在 deploy 目录中运行如下命令来训练 Rasa 模型：

```
rasa train
```

(10) 按照 http://mng.bz/Qxy1 上的说明添加新的 Facebook 应用。需要记住页面的访问令牌和应用程序密钥；步骤(11)将使用这些值来更新 credentials.yml 文件。

(11) 更新 deploy 目录中的 credentials.yml 文件，以设置验证令

牌(Verify Token)，即所选的字符串值，以及密钥和页面访问令牌(在步骤(10)中进行 Facebook 应用设置期间获得的值)：

```
facebook:
  verify: <verify token that you choose>
  secret: <app secret from Facebook app setup>
  page-access-token: <page access token from Facebook app setup>
```

(12) 在 deploy 目录下运行如下命令来启动 Rasa 服务器，并使用步骤(11)中在 credentials.yml 内设置的凭证信息：

```
rasa run --credentials credentials.yml
```

(13) 在步骤(10)中创建的 Facebook 应用中，选择 Messenger-> settings，向下滚动到 Webhooks 部分，然后单击 Edit Callback URL。将 Callback URL 值的初始部分替换为你在步骤(7)中调用 ngrok 时记录的 https 转发的 URL。在 Verify Token 字段中输入你在步骤(11)中设置的值，然后单击 Verify and Save。如图 8.13 所示。

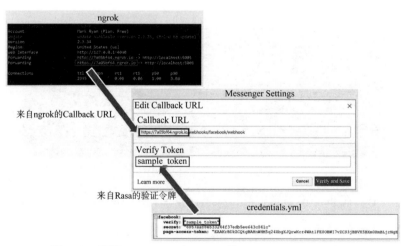

图 8.13　设置 Facebook Messenger 的 webhook Callback URL

最后，在步骤(14)~(15)中，验证你在 Facebook Messenger 中部署的模型。

(14) 在 Facebook Messenger(移动或者 Web 应用)中，搜索步骤 (10)中创建的 Facebook 页面的 ID，并将如下消息发送到该 ID：

```
Will Queen west be delayed
```

(15) 如果部署成功，你将看到如图 8.14 所示的由本地系统提供的响应。不必担心模型是否会预测到延误，确保能得到答复即可。

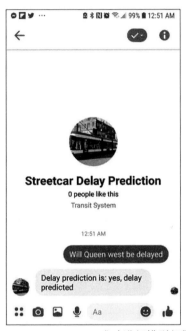

图 8.14　使用 Facebook Messenger 成功进行模型部署的可用性测试

8.11　pipeline 简介

现在，模型已经部署完毕了。接下来，我们有必要探讨一下部署过程中的一个关键部分：pipeline。pipeline 可用于准备用户输入，让模型在其基础上生成预测结果。通过 pipeline，可将训练 Keras 模型时使用的完全相同的数据准备步骤(如将数字标识符分配给分类型列中的值)运用于用户输入的有轨电车旅程详细信息。

　　接下来看一下用户期望怎样在 Facebook Messenger 部署中输入关于有轨电车旅程延误预测的请求，并将其与经过训练的模型期望获得的预测输入进行比较。图 8.15 说明了用户请求与模型期望输入之间的差距。

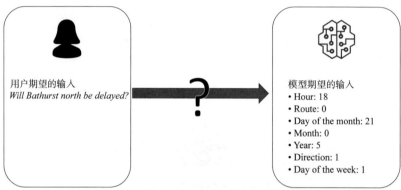

图 8.15　如何从用户输入中获得模型期望的内容

　　因此，需要用一种方法将用户输入的数据处理成模型期望的格式，以便经过训练的模型进行预测。如 8.6 节所述，Rasa 从用户的请求中提取基本的信息，并推断出缺失的信息来帮助我们解决问题，如图 8.16 所示。

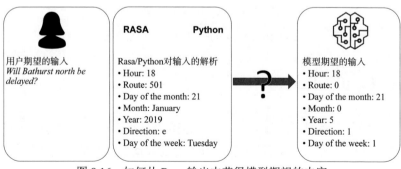

图 8.16　如何从 Rasa 输出中获得模型期望的内容

如何将 Rasa 从用户输入中提取的数据点转换为模型期望的数值？
尤其是，如何将分类型值(如路线、月份以及星期几等)转换为模型
期望的整数型标识符？

一种方法是，在训练代码中加入对分类型值进行编码的函数。
这样就可在评分代码中调用这些相同的函数，从而对新数据点中的
分类型值(如路线和方向等)进行编码。这样做的问题在于，如何确
保新数据点使用的映射与训练期间在数据集上使用的相同。例如，
如果在模型训练过程中将"2019"映射为"5"，那如何保证在评分
过程中也能进行相同的映射？可对在训练过程中使用的编码器对象
进行 pickle 处理，然后用已训练的模型对新的数据点进行评分时，
对其进行反 pickle 处理并使用这些相同的编码器，但是这样做会比
较麻烦并且容易出错。因此，需要用另外一种更为方便的方法来封
装处理训练数据的数据准备过程，从而将相同的过程应用于新的数
据点，以便经过训练的模型对这些数据点进行评分。一种行之有效
的方法就是，使用 scikit-learn 提供的 pipeline(http://mng.bz/X0Pl)。

scikit-learn 中的 pipeline 可将所有的数据转换(如果需要，还可
将模型也包含进来)封装在一个可进行整体训练的对象中。pipeline
训练完毕之后，我们可在为新的数据点进行评分时使用它。可用
pipeline 对新的数据点执行所有的数据转换操作，然后运用模型进行
预测。

scikit-learn 中的 pipeline 本应与 scikit-learn 中提供的经典机器学
习算法一起使用，包括支持向量机(SVM)、逻辑回归和随机森林等。
我们可创建包含 Keras 深度学习模型的 scikit-learn pipeline，但是无法
使用多输入 Keras 模型(如有轨电车延误预测模型)来创建这样的
pipeline。因此，本书在使用 scikit-learn pipeline 时，只将它用于数据
准备阶段，而不用它封装模型本身。

此外，在应用数据准备的最终步骤(将数据集从 pandas 数据帧转
换为 numpy 数组字典)之后，我们还需要将数据集分为训练、验证以
及测试集，为了解决这个问题，这里使用了两个连接在一起的 pipeline。
第一个 pipeline 对分类型值进行编码(并处理其中的缺失值问题)，第

二个 pipeline 将数据集从 Pandas 数据帧转换为模型期望的 numpy 数组的字典。关于这两个 pipeline 的关键代码，请参考 8.12 节。

图 8.17 显示了由用户输入要评分的新数据点，然后由 Rasa 进行解析，再由 pipeline 进行处理，使其具有正确的格式，最终由 Keras 模型进行预测的全过程。

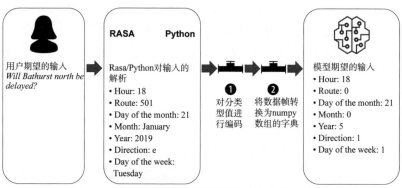

图 8.17　从用户输入到模型期望的格式的全过程

如图 8.18 所示，在将训练完毕的模型应用于新的数据点之前，应用于用户输入的新数据点的 pipeline 与训练模型之前应用于准备数据集的 pipeline 相同。

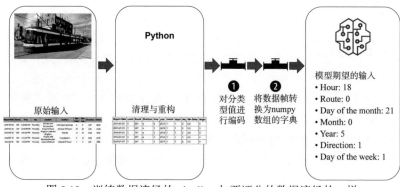

图 8.18　训练数据流经的 pipeline 与要评分的数据流经的一样

本节介绍了 pipeline 的概念，并在较高的层次上展示了 pipeline

在训练和部署模型过程中所处的位置。在下一节中，我们将深入研究定义 pipeline 的代码。

8.12 在模型训练阶段定义 pipeline

讨论了 pipeline 的总体用途之后，本节将详细介绍应用于有轨电车延误预测项目的 pipeline 的代码。在本节中，我们将了解如何在 streetcar_model_training notebook 中定义 pipeline。下一节将详细介绍如何在评分过程中将 pipeline 应用到新的数据点上，而这也是模型部署的一部分。

scikit-learn 中的 pipeline 包含一组转换类，可直接使用这些类，也可创建核心 pipeline 类的子类，从而创建自定义的转换器。对于有轨电车延误预测项目，可通过 scikit-learn 提供的类来派生新的 Python 类，从而创建自定义的转换器。可在 custom_classes.py 中找到这些类的定义。

- encode_categorical——对路线、方向以及年份这样的分类型列进行编码。
- prep_for_keras_input——将数据集从 Pandas 数据帧转换为 Keras 模型期望的格式：numpy 数组字典。
- fill_empty——使用占位符值来替换空值。
- encode_text——对文本型列进行编码(有轨电车延误项目中不会用到)。

你可能想了解，为什么这些类的定义不和其他代码存放于相同的文件中。主要有如下两个原因。

- streetcar_model_training notebook(包含用于训练模型的代码)和 actions.py(包含用于 Facebook Messenger 部署的评分代码)都需要这些类。因为这两个 Python 程序都需要访问相同的类定义，所以我们有必要将这些类的定义放在二者都可进行导入的单独文件中。

- 如果将这些类的定义直接包含在评分代码文件中，那么它们将无法被正确解析。如果将这些类的定义放在单独的文件中，当它们被导入评分代码 actions.py 时，就能被正确解析了。导入语句如下：

```
from custom_classes import encode_categorical
from custom_classes import prep_for_keras_input
from custom_classes import fill_empty
from custom_classes import encode_text
```

现在来看一下，在 streetcar_model_training notebook 中的训练阶段应如何定义 pipeline。首先，将 custom_classes.py 中定义的三个类实例化：

```
fe = fill_empty()
ec = encode_categorical()
pk = prep_for_keras_input()
```

这里需要注意两件事情：

- 即使你是第一次接触 Python 中面向对象的概念，也不必担心。可将前面的定义想象成要创建三个对象，每个对象的类型即相应的类。这些类从其父类中继承数据结构和函数。因此对于这些对象，可使用在其类中显式定义的函数，以及它们从父类 BaseEstimator 和 TransformerMixin 中继承的函数。
- 数据集中没有文本型列，因此这里没有创建 encode_text 类的对象。

接下来使用创建的实例来定义两个 pipeline 对象。第一个 pipeline 包含用于填充空值和对分类型列进行编码的类。第二个 pipeline 包含将数据集从 Pandas 数据帧转换为 numpy 数组列表的类：

```
sc_delay_pipeline = Pipeline([('fill_empty',fe), \
('encode_categorical',ec)])
sc_delay_pipeline_keras_prep = Pipeline([('prep_for_keras',pk)])
```

接下来在 pipeline 中为类的实例设置参数：

```
sc_delay_pipeline.set_params(fill_empty__collist = collist, \
fill_empty__continuouscols = continuouscols, \
     fill_empty__textcols = textcols, \
encode_categorical__col_list = collist)
sc_delay_pipeline_keras_prep.set_params(prep_for_keras__collist = \
collist, prep_for_keras__continuouscols = continuouscols, \
prep_for_keras__textcols = textcols)
```

这些语句设置了在每个类中的 set_params 函数中定义的参数。其语法格式是：类名后面跟两个下划线、参数名，然后是分配给该参数的值。在图 8.19 中，上面的框显示了 set_params 语句，并突出显示了 encode_categorical 类的 col_list 参数。下面的框则显示了在 encode_categorical 类定义中指定的 col_list 参数的位置。

set_params 语句

```
 sc_delay_pipeline.set_params (
                 fill_empty__collist = collist,
                 fill_empty__continuouscols =
 continuouscols,
                 fill_empty__textcols = textcols,
                 encode_categorical__col_list = collist)
 sc_delay_pipeline_keras_prep.set_params (
                 prep_for_keras_collist = collist,
                 prep_for_keras__continuouscols =
 continuouscols,
                 prep_for_keras__textcols = textcols)
```

encode_categorical 类定义

```
 def set_params (self, **kwargs):
        self.col_list = kwargs.get('col_list',
 None)
        return self)
```

图 8.19　set_params 语句为 pipeline 类中定义的参数设置值

至此，参数设置已经完成了，接下来看一下，如何使用第一个 pipeline 对分类型列进行编码。下面代码中的第一条语句对 pipeline 执行 fit 操作并对输入数据帧进行了转换。第二条语句则保存了执行完 fit 操作的 pipeline。这样，当我们以后需要对新数据点进行评分时，就可使用该 pipeline 了。

```
X = sc_delay_pipeline.fit_transform(merged_data)
dump(sc_delay_pipeline, open(pipeline1_file_name,'wb'))
```

fit_transform 语句从 encode_categorical 定制化转换器类中调用
了如下方法，如代码清单 8.8 所示。

代码清单 8.8　被 fit_transform 语句调用的代码

```
def fit(self, X, y=None, **fit_params):
    for col in self.col_list:
        print("col is ",col)
        self.le[col] = LabelEncoder()
        self.le[col].fit(X[col].tolist())
    return self

    def transform(self, X, y=None, **tranform_params):
        for col in self.col_list:
            print("transform col is ",col)
            X[col] = self.le[col].transform(X[col])
            print("after transform col is ",col)
            self.max_dict[col] = X[col].max() +1
return X
```

在类的 fit 方法中，编码器被实例化

在类的转换方法中，应用了在 fit 方法中实例化的编码器

现在，我们已经了解了定义 pipeline 的代码，接下来，有必要更
深入地了解 pipeline 上下文中 fit 操作的具体含义。在这里，fit 操作指
的是使用输入数据对 pipeline 中需要训练的部分进行训练。对于
pipeline 中对分类型值进行编码的部分，训练 pipeline 意味着设置分类
型列中的输入值与将要替换它们的整数标识符之间的对应关系。回到
8.11 节中的示例，如果在训练模型时，将 "2019" 映射为 "5"，那么
在部署过程中，当对新的数据点进行评分时，"2019" 也被映射为 "5"，
这意味着上述操作成功了。有了 pipeline，我们才能取得这样的成功。

8.13　在评分阶段应用 pipeline

上一节详细介绍了如何在模型训练阶段定义、训练以及保存

pipeline。本节将介绍如何在已经部署的 Keras 模型的评分阶段应用
这些 pipeline。

　　actions.py(用于 Facebook Messenger 部署)或者 flask_server.py(用
于 Web 部署)中的评分代码，从 custom_classes.py 中导入定制化的转
换器类，然后对保存在 streetcar_model_training notebook 中的训练完
毕的 pipeline 进行加载。图 8.20 总结了 pipeline 元素在这三个文件
之间的关系。

図 8.20　包含 pipeline 代码的三个文件之间的关系

　　现在回顾一下评分代码中与 pipeline 相关的部分。这里显示的语
句在 Web 部署和 Facebook Messenger 部署中相同。首先，评分代码
使用与训练模型所用的相同的代码来导入定制化转换器类的定义：

```
from custom_classes import encode_categorical
from custom_classes import prep_for_keras_input
from custom_classes import fill_empty
from custom_classes import encode_text
```

　　评分代码中定制化操作的定义语句包含如下内容，用于加载在
模型训练阶段保存的训练完毕的 pipeline：

```
pipeline1 = load(open(pipeline1_path, 'rb'))
pipeline2 = load(open(pipeline2_path, 'rb'))
```

　　评分代码将需要进行延误预测的有轨电车旅程的数据点加载
到 Pandas 数据帧 score_df 中。在如下语句中，pipeline 将会用于该

数据帧：

```
prepped_xform1 = pipeline1.transform(score_df)
prepped_xform2 = pipeline2.transform(prepped_xform1)
```

现在可将这些 pipeline 的输出应用于经过训练的模型了，以预测特定的有轨电车旅程是否会出现延误情况：

```
pred = loaded_model.predict(prepped_xform2, batch_size=BATCH_SIZE)
```

现在，我们已经研究了如何在有轨电车延误项目中使用 pipeline：从模型训练阶段定义 pipeline，到评分阶段在已部署的模型中使用 pipeline 来处理新的数据点等。pipeline 是一个极为强大的工具，它能对训练过程中使用的数据转换步骤进行封装，让部署工作变得更为直接，因此我们可在评分过程中方便地使用这些 pipeline。在有轨电车延误预测项目中，我们在模型训练阶段为数据准备操作训练了 pipeline，然后在评分阶段使用相同的 pipeline 来处理新的输入数据点。pipeline 对于 Web 部署和 Facebook Messenger 部署而言都是适用的。

8.14 部署后维护模型

对于已部署的模型而言，部署工作并非最后一步。在对深度学习模型进行部署之后，还需要在生产中对模型进行监控，以确保其性能不会随着时间的推移而下降。如果性能确实变差了(被称为模型漂移或者概念漂移的现象)，则有必要在新数据上重新训练模型。图 8.21 总结了模型的维护周期。在对模型进行训练和部署之后，需要对其性能进行评估。之后，如果有必要的话，还需要使用包含更多新数据点的数据重新训练模型，然后重新部署模型。

图 8.21　模型维护周期

　　关于如何在工业强度的环境下维护已部署的深度学习模型，本书不再赘述。不过，可在 http://mng.bz/yry7 和 http://mng.bz/ModE 上找到一些很好的建议。同时，在 http://mng.bz/awRx 上也可找到一些与部署选项相关的好资料。接下来看一个示例：如果在部署模型之后不遵循模型维护周期，将会发生什么情况。回想一下第 1 章中提到的信用卡欺诈检测示例。该预测模型采用的信息之一，是某一张卡在同一天内发生了两笔交易，而这两笔交易发生的地点之间的距离，显然是一天之内无法跨越的。例如，现在的商业航班基本上不可能在 24 小时内从加拿大魁北克市飞到新加坡。因此，如果在同一天之内，某一张信用卡在魁北克市的一家高档餐厅支付了餐费，然后在新加坡的一家珠宝店中支付了一枚钻石戒指的费用，那么这显然是有问题的。但是，后来有航空公司开始提供魁北克市与新加坡之间的直飞航班，那么这时，模型应该如何处理？不止如此，如果发生了更加剧烈的变化，如超音速客机在 21 世纪 30 年代初卷土重来，则又当何如？这些变化将给模型的预测能力带来极大的破坏，使模型无法根据同一天同一张卡是否在相距较远的城市进行支付来判断是否出现了欺诈行为。提供给机器学习模型的数据通常来自真实世界，而真实世界的变化是不可预测的。因此要记住，我们需要定期用新的数据重新训练模型。

　　既然如此，那每隔多久就要对模型进行一次训练呢？需要监控模型的哪些性能指标来确定何时需要重新训练模型？是否可简单地将旧模型从生产环境中清除出去，然后使用新的模型？或者是否要在过渡期间同时使用两个模型(新模型和旧模型)并运用混合评分(旧模型和新模型各占一定比例)，从而避免终端用户的体验突然发生变化？可参阅 https://mlinproduction.com/model-retraining 和 http://mng.bz/ggyZ 来了解更多的相关信息。下面简单总结了重新训练模型的一些最佳方法：

- 保存已有的性能指标，以便评估已部署的模型性能。要评估模型预测的准确度，需要获得预测的结果和相应的实际结果。对于有轨电车的延误预测问题，如要评估一个月内的模型性能，就需要获得实际的延误数据，以及模型对该月的路线/方向/时隙组合进行的预测。如果我们保存了模型一个月内预测的结果，就可将其与实际延误情况进行对比了。

- 选择一种性能度量方法来评估模型的运行情况，且该方法不需要过多的等待时间。思考一下信用卡欺诈问题。如果将模型投入生产来预测信用卡交易是否为欺诈行为，而且在对模型的性能进行评估时，需要获得一个月内实际发生的欺诈交易的完整报告，那么，对于给定月份中所有实际的欺诈交易行为，你可能需要数月才能得到完整的结论。在这种情况下，最好对一个月内被确定为欺诈行为的交易进行性能评估。简单来说，性能评估应能尽快产生好的结果，以便你快速决定是否需要重新训练模型。当然，你也可选择进行更精细的性能评估，但是需要花费多个月的时间。建议选择前一种方法。

- 对历史数据进行实验，以了解已部署的模型性能下降的速度。对于信用卡欺诈问题，可用截至 2018 年底的数据进行模型训练，然后使用该模型来预测 2019 年前 6 个月的交易行为。可将这 6 个月的预测结果与实际数据进行对比，以检查基于 2018 年的数据训练出来的模型是否会随着时间的推移在 2019 年的数据上出现性能下降的情况。这一过程能让你了解到模型性能下降的速度，但这并非万无一失的方法。因为根据实际问题的不同，你的数据可能会以意想不到的方式发生变化。

- 在使用新的数据训练模型之前，建议重新进行数据探索步骤。回想一下第 3 章中进行的数据探索。如果有新的有轨电车延误数据供我们重复这些步骤，我们就能发现数据特征是否出现了变化，并在发现明显的变化时重新训练模型。

现在来看一下有轨电车延误预测模型中的模型再训练问题。首先看一下原始数据。原始数据每月更新一次，并且往往会延迟 2～3 个月。例如，现在是 1 月份，那么最新的延迟数据出自去年 10 月份。如果有一个不错的开发环境，那么从下载最新的原始数据，到部署更新后的模型，这一端到端的过程可能不到一个小时就完成了。既然成本这么低，那么我们可每月都对模型进行重新训练，但是有必要这样做吗？第 3 章中的数据探索表明，数据中存在着一些长期趋势(例如，延迟时间变得越来越短，而发生频率则越来越高)，不过数个月之内往往没有太大的波动。因此，可每个季度对模型进行一次重新训练。不过可以肯定的是，应将预测结果和新的月份中实际发生的延迟情况进行对比，从而监控模型的准确度。

此外，也可进行一些实验，只使用最新的数据来训练模型。例如，通过保留 3 年的滚动窗口数据来训练模型，而不是使用自 2014 年 1 月份以来的全部数据进行训练。

最后，我们还可让终端用户直接反馈他们对应用程序的体验情况。来自部分用户的直接反馈可能揭示我们在监控模型过程中忽略的一些问题。

8.15　本章小结

- 训练完毕的深度学习模型本身并无用处。要让它有用，需要对其进行部署，从而让模型能被其他程序访问，或者被需要利用其预测功能的用户使用。模型部署工作具有一定的挑战性，因为它涉及一系列的功能和技术，而这些技术与本书中描述数据准备和模型训练的各章中提到的技术并不相同。

- 通过使用 Flask(Python 的 Web 框架库)和一组 HTML 页面，就可实现模型的最小化部署。结合 Flask、HTML 和 JavaScript，终端用户就可在网页中输入有关其预定的有轨电车旅程的详细信息，从而获得关于其旅程是否会延误的预测结果。在幕后，上述工具使用旅程的详细信息来调用训练完毕的深度学习模型，然后生成预测结果，并将其显示在网页上。

- 如果你希望获得更流畅的用户体验，则可结合使用 Rasa 聊天机器人框架和 Facebook Messenger 来部署训练完毕的深度学习模型。在你完成此部署之后，用户可在 Facebook Messenger 中向聊天机器人发送 "Will Route 501 east be delayed?" 之类的问题，然后在 Facebook Messenger 中获得相应的预测结果(延迟/无延迟)。而在后台，Rasa 聊天机器人从用户在 Facebook Messenger 中输入的问题中提取关键的细节，然后调用 Python 模块，并使用深度学习模型对这些细节作出预测，最后将预测结果显示在 Facebook Messenger 中。

- pipeline 使你可对数据准备步骤(包括为分类型列的条目分配数值，将数据集从 Pandas 数据帧转换为 Keras 深度学习模型所需的格式等)进行封装，以便在训练数据时使用相同的转换操作，并且在评分时(将训练完毕的模型应用于新的数据点时，如有轨电车旅程的时间/路线/方向组合等)也可使用它。

- 在对训练完毕的模型进行部署之后，还需要监控其性能。如果数据发生了变化，则模型的性能可能会随着时间的流逝而降低。因此，你可能需要用更新的数据重新训练模型，然后替换原有的已部署模型。

第 *9* 章

建议的后继步骤

本章涵盖如下内容：
- 对本书目前已述内容进行回顾
- 目前还可对有轨电车延误预测项目进行哪些提升
- 如何将学到的知识应用于其他实际项目
- 选择使用结构化数据的深度学习项目的标准
- 其他学习资源

至此，本书内容已接近尾声了。在本章中，我们将进行回顾和展望。首先，我们将回顾一下此前章节中讨论过的内容：从清理现实数据集，到部署训练完毕的深度学习模型。接下来，本章将介绍还可使用的其他一些步骤，以便使用新的数据源来完善有轨电车延误预测项目。然后，我们将探讨如何将学到的知识运用于其他实际项目中，包括如何确定涉及结构化数据的问题是否适合用深度学习等。最后，本章还将介绍一些关于深度学习的资源。

9.1 回顾本书目前已述内容

为了回顾本书目前已述内容，此处先复习一下第 2 章中介绍的端到端流程图。如图 9.1 所示。

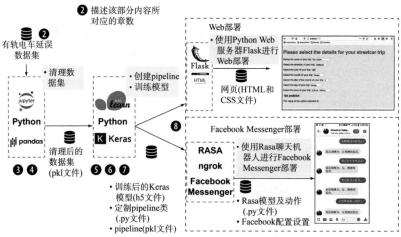

图 9.1 有轨电车延误预测项目的端到端流程图

第 2 章讨论了如何使用 Pandas 将表格结构化数据集提取到 Python 中。第 3 章和第 4 章介绍了如何处理数据集中存在的问题，包括格式错误的数据、错误值以及缺失值等。在第 5 章中，我们对数据集进行了重构，以处理如下问题：该数据集只包含旅程延误的信息，缺少旅程没有延误的信息。然后，我们使用该重构后的数据集创建了一个简单的 Keras 模型，且模型中的层是根据数据集中的列结构自动生成的。第 6 章介绍了如何使用准备好的数据集对模型进行迭代训练，利用 Keras 的种种功能来控制训练过程，并保存具有最佳性能特征的模型。第 7 章讨论了如何对经过训练的模型进行一系列的实验，以验证删除不良记录以及使用嵌入的作用。第 7 章还介绍了另外一项实验，以对比深度学习模型和其主要的竞争对手XGBoost。第 8 章探讨了如何通过简单的 Web 部署以及更为复杂的

Facebook Messenger 部署来完成对已训练模型的部署。完成了这些部署，也就完成了从原始数据集到可运行的系统这一全过程，这样，用户就可使用该系统来获取有轨电车延误的预测结果了。

9.2　有轨电车延误预测项目的后继工作

　　到目前为止，本书已经介绍了很多关于深度学习的基础知识。但是对于有轨电车延误预测项目，我们还可采用其他一些方法。例如，可对训练数据集进行扩充，以加入其他数据源。

　　为何要使用其他数据源来训练模型？第一个原因就是尝试提高模型的准确度。与第 6 章中训练的模型相比，使用其他数据源训练出来的模型可能会作出更准确的预测。添加其他来源的数据(如历史天气数据或交通数据)，或者使用原始数据集中的更多数据(如延迟位置)等，可能会为模型提供更为强烈的信号，这样模型就可在预测延迟时检测到这些信号。

　　那么，我们是否提前就知道，使用其他数据源来训练模型会让模型的预测结果更为准确？简而言之，不是。但是，使模型更为准确并不是扩充训练数据集的唯一目的。使用额外的数据源来训练模型的第二个原因就是，这样做是一种很好的练习方法。在使用额外的数据源来训练模型时，你能学到更多关于代码的知识，并为下一步作好准备：将面向结构化数据的深度学习方法应用于全新的数据集。如 9.8 节所述。

　　接下来的各个小节将简要介绍其他的一些可添加到训练模型数据集的数据。9.4 节将介绍如何使用原始数据集中的延迟位置数据，这些数据是第 6 章中进行的模型训练没有用到的数据。9.4 节将向你展示如何使用包含新数据源(历史天气信息)的训练集来训练模型。9.5 节则会为你介绍如何使用第 6 章中的训练数据集来获取新列，从而对数据集进行扩充。学完这些小节的内容之后，就可学习 9.8～9.11 节的内容了。在这些小节中，你将学习如何将应用于有轨电车延误

预测问题的方法用到涉及结构化数据的新问题上。在 9.12 节中，你
将看到该方法被应用于一个新的问题，即如何预测纽约市 Airbnb 房
源的价格。

9.3 将详细的位置信息添加到有轨电车延误 预测项目中

第 4 章介绍了如何使用 Google 的地理编码 API(http://mng.bz/X06Y)
来将有轨电车延误数据集中的位置信息替换为经度和纬度值。扩展
示例的其余部分最终并未使用这一方法。但现在你可回顾一下该方
法，看看将空间地理数据添加到重构的数据集中是否能产生性能更
好的模型。你应该能获得精度更高的预测结果。因为如图 9.2 中的延
迟热图所示，延迟事件主要集中在市中心。即便在可能会出现延误情
况的路线/方向/时间组合上，在市中心之外开始和结束的旅程往往不
太可能会延迟。

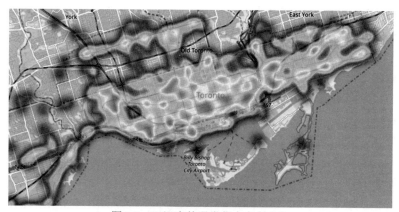

图 9.2　延迟事件通常集中在市中心

如要利用从原始数据集中的位置信息得出的经度和纬度值，方
法之一就是将每条路线划分为多个子路线。如下方法将教你根据路
线的经纬度值将路线自动分为多个小节。

（1）在整条路线周围定义一个边界框，该边界框由路线的最大和最小经纬度值确定。可使用延迟路段的经度和纬度值来进行计算，以获得整条路线经纬度的最大值和最小值。streetcar_data_geocode_get_boundaries notebook 包含相应的代码，其中包括 def_min_max()函数，该函数将为每条路线创建一个包含最小和最大经纬度值的数据帧，具体代码如代码清单 9.1 所示。

代码清单 9.1　定义包含路线边界的数据帧的代码

```
def def_min_max(df):
    # define dataframes with the maxes and mins for each route
    df_max_lat = \
df.sort_values('latitude',ascending=False).drop_duplicates(['Route'])
    df_max_long = \
df.sort_values('longitude',ascending=False).drop_duplicates(['Route'])
    df_min_lat = \
df.sort_values('latitude',ascending=True).drop_duplicates(['Route'])
    df_min_long = \
df.sort_values('longitude',ascending=True).drop_duplicates(['Route'])
    # rename column names for final dataframe
    df_max_lat = df_max_lat.rename(columns = {'latitude':'max_lat'})
    df_max_long = df_max_long.rename(columns = {'longitude':
'max_long'})
    df_min_lat = df_min_lat.rename(columns = {'latitude':'min_lat'})
    df_min_long = df_min_long.rename(columns = {'longitude':
'min_long'})
    # join the max dataframes
    df_max = pd.merge(df_max_lat,df_max_long, on='Route', how='left')
    df_max = df_max.drop(['longitude','latitude'],1)
    # join the min dataframes
    df_min = pd.merge(df_min_lat,df_min_long, on='Route', how='left')
    df_min = df_min.drop(['longitude','latitude'],1)
    # join the intermediate dataframes to get the df with the
bounding boxes
    df_bounding_box = pd.merge(df_min,df_max, on='Route', how='left')
    return(df_bounding_box)
```

图 9.3 显示了一部分路线的最小和最大经纬度值。

序号	路线	最小纬度	最小经度	最大纬度	最大经度
0	501	43.588204	−79.546264	43.687095	−79.281350
1	301	43.591972	−79.544865	43.680364	−79.281542
2	bad route	43.591972	−79.543895	43.686692	−79.281542
3	504	43.591972	−79.543895	43.686952	−79.281542
4	502	43.591972	−79.543895	43.686952	−79.281542

图 9.3　一部分路线的最大和最小经纬度值

(2) 现在，你已利用各路线的最大和最小经纬度值为每条路线定义了边界框，接下来可沿着它的主轴线将该边界框划分成多个(例如 10 个)大小相等的矩形。对于大多数路线而言，该主轴线为东西向；而 Spadina 和 Bathurst 路线的主轴线则为南北向。结果就是由最小和最大经纬度值定义的每条路线的所有子路线。图 9.4 显示了 St.Clair 这一路线的各条子路线的边界框。

图 9.4　St.Clair 路线上所有子路线的边界框

（3）为每条路线定义了子路线之后，可在重构数据集中添加一列，使重构后的数据集中的每一行都代表一个路线/子路线/方向/日期和时间的组合。使用延迟位置的经纬度值，就可确定是哪条子路线上发生了延迟事件。图 9.5 显示了一小段原始的重构数据集，图 9.6 则显示了添加子路线列后重构数据集的样子。

	Report Date	Count	Route	Direction	Hour	Year	Month	Daym	Day	Min Delay	Target
0	2014-01-01	0	301	e	0	2014	1	1	2	0.0	0
1	2014-01-01	0	301	e	1	2014	1	1	2	0.0	0
2	2014-01-01	0	301	e	2	2014	1	1	2	0.0	0
3	2014-01-01	0	301	e	3	2014	1	1	2	0.0	0
4	2014-01-01	0	301	e	4	2014	1	1	2	0.0	0

图 9.5　原始的重构数据集

新的子路线列

	Report Date	Count	Route	Sub Route	Direction	Hour	Year	Month	Daym	Day	Min Delay	Target
0	2014-01-01	0	301	0	e	0	2014	1	1	2	0.0	0
1	2014-01-01	0	301	1	e	1	2014	1	1	2	0.0	0
2	2014-01-01	0	301	2	e	2	2014	1	1	2	0.0	0
3	2014-01-01	0	301	3	e	3	2014	1	1	2	0.0	0
4	2014-01-01	0	301	4	e	4	2014	1	1	2	0.0	0

图 9.6　添加子路线列后的重构数据集

将子路线添加到重构的数据集中，并使用此扩充的数据集重新对模型进行训练之后，你将面临一个新的问题：如何让用户定义其行程的子路线？如要使用重新训练后的模型进行评分，需要从用户那里获取其旅程的起点和终点。对于 Web 部署，可在 home.html 页面中添加一个新的控件，以便用户选择行程的子路线。Web 部署的用户体验并不是很理想。那么，应如何完善 Facebook Messenger 部署，以便用户指定子路线呢？可采用如下两种做法。

- 增强 Rasa 模型，以便用户输入主要的街道交叉口名称，然后使用地理编码 API 将这些街道交叉口与有轨电车路线转换为经纬度值。
- 使用 Facebook Messenger 的网络视图功能(http://mng.bz/xmB6)在网页上显示交互式地图小控件，以便用户选择路线点。

总而言之，将子路线添加到有轨电车延误预测模型当中，可能会提升模型的性能，但无论是 Web 部署，还是 Facebook Messenger 部署，都有必要作出调整，以便用户指定旅程的起点和终点。

9.4　使用天气数据来训练深度学习模型

多伦多市四季分明，冬季和夏季常有极端天气出现。这些极端情况有可能使有轨电车出现延误。例如，即使是少量降雪，也可能导致交通堵塞，使有轨电车部分路线出现延误。假设我们想使用天气数据来验证其是否能更好地预测延误情况，那应该从何处开始呢？本节将为你总结，将天气数据添加到有轨电车延误预测模型中时需要采取的操作。

第一个挑战就是寻找合适的天气数据源，并将其整合到训练数据集当中。网上有几个开源的数据源(http://mng.bz/5pp4)可提供天气信息。图 9.7 显示了这样的一个数据源：Dark Sky(http://mng.bz/A0DQ)。不过，需要提供访问凭证(如 GitHub ID 和密码)才能访问此数据源。并且，虽然你可获得免费分配的 API 调用，但是如果要进行测试的话，还是需要付款的。

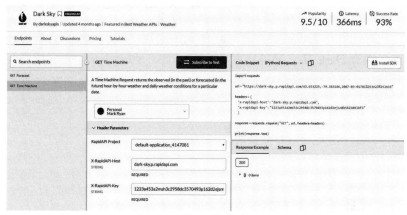

图 9.7　使用天气信息 API

假设我们想了解一下 2007 年 3 月 3 日凌晨多伦多市政厅那里的天气情况。我们需要为 API 提供如下参数。

- 日期时间：2007-03-01T01:32:33
- 经度：−79.383186
- 纬度：43.653225

API 界面可为你显示出使用 Python 对其进行调用时的代码。如代码清单 9.2 所示。

代码清单 9.2　Dark Sky API 界面生成的示例代码

```
import requests                              使用日期/时间、经纬度
                                             输入构建的 URL
url = https://dark-sky.p.rapidapi.com/\
43.653225,-79.383186,2007-03-01T01%253A32%253A33

headers = {
    'x-rapidapi-host': "dark-sky.p.rapidapi.com",
    'x-rapidapi-key': <API KEY>             要运行调用，需要获取 Dark Sky
    }                                        的 API 密钥并将其粘贴到此处

response = requests.request("GET", url, headers=headers)

print(response.text)
```

图 9.8 显示了此 API 调用返回的结果。那么，应如何使用该天气数据呢？首先，需要控制 API 的调用次数，以最大程度地节约成本。每次 Dark Sky 调用只需几分钱，但如果我们不太小心，那么总费用会积少成多。可考虑如下方法来获取特定位置和时间的天气数据。

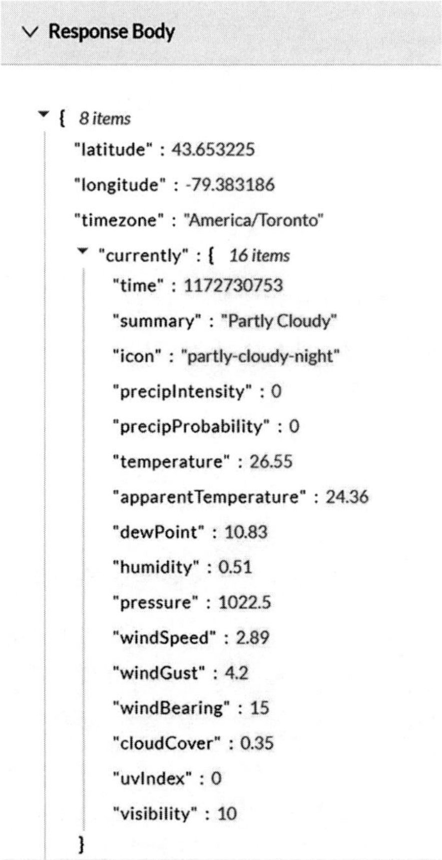

```
∨ Response Body

▼ {  8 items
    "latitude" : 43.653225
    "longitude" : -79.383186
    "timezone" : "America/Toronto"
  ▼ "currently" : {  16 items
        "time" : 1172730753
        "summary" : "Partly Cloudy"
        "icon" : "partly-cloudy-night"
        "precipIntensity" : 0
        "precipProbability" : 0
        "temperature" : 26.55
        "apparentTemperature" : 24.36
        "dewPoint" : 10.83
        "humidity" : 0.51
        "pressure" : 1022.5
        "windSpeed" : 2.89
        "windGust" : 4.2
        "windBearing" : 15
        "cloudCover" : 0.35
        "uvIndex" : 0
        "visibility" : 10
    }
```

图 9.8　调用 Dark Sky API 获得的 2007 年 3 月 3 日凌晨多伦多市政厅
　　　　附近的天气信息

(1) 使用 9.3 节介绍的子路线，并使用每条子路线边界框的平均经纬度值来获得每条子路线的不同天气数据点。

(2) 对于每条子路线，每小时获取 4 个天气数据点。

通过上述方法，如要获得 2014 年 1 月至今的全部天气数据，就需要获取超过 3 100 万个天气数据点。因此 API 调用的总成本将超过 40 000 美元，对于一场实验来说，这算得上一笔巨大的开支了。那么，怎样才能在不需要这么多数据点的情况下，依然获得有用的天气数据呢？

幸运的是，有轨电车延误问题发生在相对较小的地理区域内，并且天气变化也是可预测的。因此，我们可做一些简化的假设，以控制所需的天气数据点的数量。下列简化的假设可使我们以最少的 API 调用次数将天气数据添加到重构数据集当中。

- *特定小时内的天气一样*。一天只需要获得 24 个天气数据点，而不是每小时 4 个。一小时之内的天气情况当然有可能发生变化，但是在多伦多，导致有轨电车出现延误情况的那种天气(如暴雨或暴雪)往往很少会在一个小时内开始或者结束。因此，只需要每小时获取 1 次天气数据。
- *整个有轨电车网络内的天气一样*。如图 9.9 中的边界框所示，整个有轨电车网络位于一个横跨(从东到西)26 千米，纵跨(从北到南)11 千米的区域之内。因此我们完全有理由相信，导致有轨电车延误的天气类型在整个网络中的任何时候都是一样的。也就是说，如果该网络的最西端 Long Branch 下了大雪，那么网络最东端的 The Beach 也可能会下雪。基于这样的假设，可使用(43.653225，−79.383186)，即多伦多市政厅的经纬度，来获取所有天气数据的 API 调用。

有轨电车网络的经纬度极限值如下。

- 最小纬度：43.58735
- 最大纬度：43.687840
- 最小经度：−79.547860
- 最大经度：−79.280260

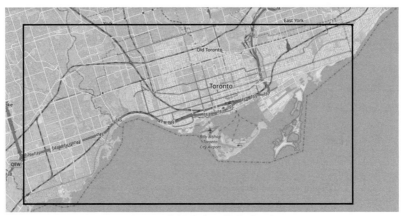

图 9.9 有轨电车网络的边界框

基于上述简化的假设，我们需要获取自 2014 年 1 月 1 日到现在的时间段里每一个小时的天气数据，约为 52 500 个数据点。考虑到 Dark Sky 针对每次 API 调用收取的费用，生成所需的天气数据点将花费约 60 美元。

现在我们已经确定了要获取的历史天气数据量，那么，需要将哪些天气特征加入数据集呢？下面列出了一些可能与预测有轨电车延误有关的明显的天气数据集字段。

- *气温(temperature)*——在缺少有效降水的情况下，极端气温可能会与延误情况相关。气温是数据集中的连续型列。
- *图标(icon)*——该字段中的值(例如"雪"或者"雨")巧妙地描述了天气状况。图标是数据集中的分类型列。
- *摘要(summary)*——该字段中的值，例如"全天降雨"或者"早晨开始下小雪"等，提供了比图标列所含内容更详细的天气信息。摘要列可以是文本型列。回想一下，第 6 章中用于训练深度学习模型的重构数据集其实并不包含任何文本型列。因此，将文本型摘要列添加到数据集中会很有趣，因为这将用到此前在有轨电车延误数据集中未曾用到的深度学习模型核心代码。

假设你已经获得了上面列表中描述的天气数据点，那你需要更新 streetcar_model_training notebook 中的数据集重构代码，以加入天气字段。尤其是，需要将天气字段的列名添加到 def_col_lists()相应的列表中。

- 将温度列名添加到 continuouscols 中。
- 将摘要列名添加到 textcols 中。

如果你没有将图标列名添加到其他列表中，则图标列会被自动添加到分类型列的列表当中，而这正是我们想要的。

只要你在 def_col_lists()中标识了正确的列名，训练代码就可应用于任何列的集合。其余的训练代码应适用于新列，并为你提供一个新的训练模型，其中包含了天气列。

假设你获得了一个包含天气数据的训练完毕的模型，那么，当用户想知道其有轨电车旅程是否会出现延误情况时，模型在评分时应如何考虑天气状况？首先，将新的天气列添加到评分代码中的 score_cols 列表中。该列表是我们进行评分操作所用的列表，用于定义 score_df 数据帧。该数据帧包含在评分代码中通过 pipeline 处理的值。可使用评分代码来调用 Dark Sky API，以获取当前的天气信息。还可使用前面提到的多伦多市政厅的经纬度值，并以 Dark Sky 所需的格式为当前时间构建一个字符串：[YYYY]-[MM]-[DD]T[HH]:[MM]:[SS]。因此，如果当前日期为 2021 年 5 月 24 日，时间为正午，则 Dark Sky API 使用的日期时间字符串应为 2020-05-24T12:00:00。调用 Dark Sky API 并获得所需的天气字段之后，就可使用这些值在 score_df 中设置天气列。评分代码将在 pipeline 中运行 score_df，并将 pipeline 的输出应用于已训练的模型，然后你就可获得关于延迟情况的预测结果。由于前面作了一些简化假设，在评分时，不需要用户提供任何信息即可获得所需的天气数据。

图 9.10 总结了通过 Facebook Messenger 部署将天气信息纳入有轨电车延误预测深度学习项目时需要完成的更改。为了调整 Web 部署，我们需要对 Web 部署中的主 Python 程序 flask_server.py 中的评

分代码进行类似的更改。图 9.10 详细说明了对 Facebook Messenger
部署中的主 Python 程序 actions.py 所作的更改。

```
对模型训练代码所作的更改
streetcar_DL_refactored_pipeline.ipynb

• 调用Dark Sky API以获取训练数据集所涵盖的日期范围
  的天气数据
• 更新prep_merged_data ()以纳入天气数据
• 更新def_col_lists ()以纳入天气列
```

```
对评分代码actions.py所作的更改

• 使用多伦多市政厅的经纬度值和当前日期/时间来调用
  Dark Sky API，从而获取当前的天气数据
• 更新score_cols以纳入天气列名
```

图 9.10   将天气数据添加到有轨电车延误预测模型所需的更改操作概要

　　将天气数据添加到深度学习模型这一操作，不仅为你提供了改
善模型性能的机会，还展示了将其他数据源添加到有轨电车延误深
度学习模型需要完成的步骤。可从本节中描述的步骤出发，在新的
数据集上创建深度学习模型。9.8 节将介绍把本书描述的方法应用到
新的结构化数据集上时需要进行的其他操作。但在研究一个新的项
目之前，在 9.5 节中，我们将探讨一下如何使用两个简单的选项来
扩充有轨电车延误项目的训练数据集。

9.5   在有轨电车延误预测项目中增加季节或者一天中的时间数据

　　9.3～9.4 节介绍了可添加到模型训练数据中的另外两个数据源：
延迟位置数据和天气数据。不过，这两个数据源都很难加入训练过
程中。如果想用更简单的方法将数据添加到训练数据集，则可尝试
第 6 章中介绍的方法，即从训练模型的数据集中派生出新列。例如，
可从月份列中派生出季节列，4 个季节的值为 0～3。

既然可从月份列中派生出季节列，那么也可从小时列中派生出一天中的时间列。这样做的有趣之处在于，你可控制一天中每个时间段的边界。假设你定义了一个包含 5 个值的列，用于描述一天中的时间。

- 夜间(overnight)
- 早上高峰时间
- 中午
- 下午高峰时间
- 傍晚

可为每个值设置不同的开始和结束的时间，以验证其对模型性能的影响。如果你将早上高峰时间定义为 5:30—10:00，而不是 6:30—9:00，会对模型的性能产生影响吗？

9.6　归因：删除包含不良值的记录的替代方法

在第 7 章中，我们做了一个实验，以比较在使用不同的训练数据集时，模型的性能表现。

- 删除包含不良值的记录(如包含无效路线的记录)。
- 使用包含不良值的记录。

实验的结论是，如果删除包含不良值的记录，模型将具有更好的性能。虽然得出了这样的结论，但我们依然要为删除包含不良值的记录的操作付出代价。对于使用 2019 年底之前的延迟数据集的数据准备 notebook，输入数据集中大约有 78 500 条延迟记录，但如果删除了包含不良值的记录，则记录数减少到大约 61 500 条。也就是说，如果删除包含不良值的记录，则记录数会减少 20%。需要记住的是，如果因某一个字段中的值不正确而将其所在的整条记录删除，可能使我们丢失掉记录中一些有用的信号。那么，是否还有其他一些选择可使我们保留这些有用的信号？

事实证明，一种被称为归因(imputation)的方法可能会有所帮助。

这种方法会将缺失值替换为另外一个值。对于结构化的表格数据，可使用的归因类型取决于列的类别。

- *连续型*——可使用固定值(例如 0)或计算值(例如列中所有值的平均值)来替换缺失值。
- *分类型*——可使用列中最常见的值来替换缺失值，或者采用更为复杂的方式来进行处理(例如，1 000 个临近值)，以找到缺失值的替代值。

如果你想对有轨电车延误预测模型中的归因方法进行实验，可在有关处理缺失值的文章(http://mng.bz/6AAG)中找到更全面的参考内容。

9.7　发布有轨电车延误预测模型的 Web 部署

第 8 章描述了如何创建已训练模型的 Web 部署。不过，第 8 章中描述的 Web 部署方法完全是本地的，你只能在完成部署的系统上访问它。如果想与其他系统上的伙伴共享此部署，那应该如何处理？

发布 Web 部署最简单的方法就是使用 ngrok，这也是我们在第 8 章中用于 Facebook Messenger 部署的工具。在第 8 章中，我们使用 ngrok 对 localhost 进行了外部化处理，使 Facebook 应用可和本地系统上的 Rasa 聊天机器人服务器通信。

如想通过 ngrok 使本地系统之外的人也能访问你的 Web 部署，可执行如下步骤。

(1) 如果还没有安装 ngrok，可参考 https://ngrok.com/download 上的安装指南进行安装。

(2) 在 ngrok 的安装目录中调用 ngrok，使系统上的 localhost:5000 可被系统外的人访问。Windows 平台上可执行如下命令：

```
.\ngrok http 5000
```

(3) 在 ngrok 的输出中复制 https 转发的 URL，如图 9.11 中高亮显示的部分。

图 9.11　ngrok 的输出结果，其中转发的 URL 突出显示

4. 在 deploy_web 目录下运行如下命令来启动 Web 部署：

```
python flask_server.py
```

现在，你已经运行了 ngrok 并将 localhost:5000 外部化了，通过 ngrok 提供的转发 URL，其他用户就可使用该 Web 部署了。如果其他用户在浏览器中打开 ngrok 的转发 URL，他们就可看到 home.html 页面，如图 9.12 所示。

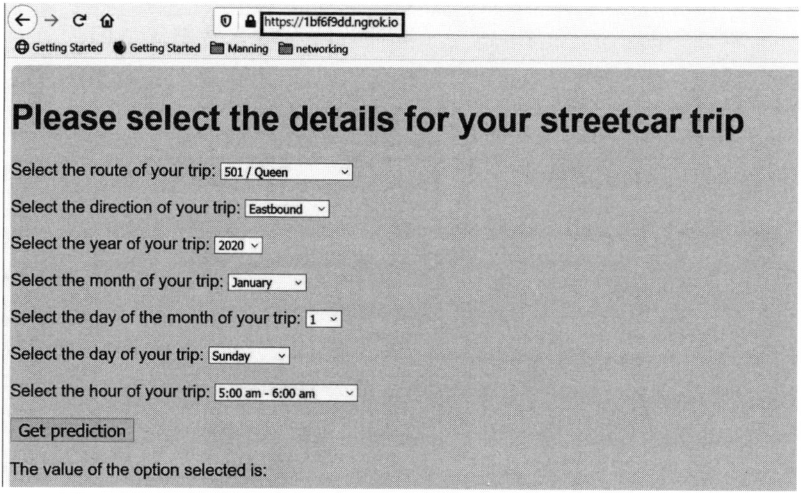

图 9.12　通过 ngrok 利用外部可访问的 URL 来打开 home.html 页面

其他系统上的用户通过 ngrok 的转发 URL 打开 home.html 页面后即可选择评分参数，然后点击 Get prediction 来获取特定的有轨电

车旅程的延误预测结果。请注意，只有当你的本地系统已连接到 Internet 并且 flask_server.py 正在运行时，该部署才可被其他用户使用。还要注意，如果使用的是免费的 ngrok，则每次调用 ngrok 时都会产生不同的转发 URL。如想为你的 Web 部署使用固定的 URL，则需要付费订阅 ngrok。

　　9.3～9.5 节介绍了一些使用其他数据源来改善有轨电车延误预测模型性能的想法。9.8 节将简要介绍如何把解决有轨电车延误问题的方法应用于新的问题。

9.8　使有轨电车延误预测模型适用于新的数据集

　　前面的这些小节介绍了如何在模型的训练数据中添加其他的数据源，以增强有轨电车延误预测模型的性能。如果你想让模型适用于其他数据集，则应当如何处理？如果你想使本书描述的方法适用于新的结构化数据集，则应采取哪些步骤？本节对此进行了简单的总结。

　　本书中的示例代码也适用于其他表格结构化数据集，但你需要采取措施，对有轨电车延误预测模型的代码作出一些调整(如图 9.13 所示)。

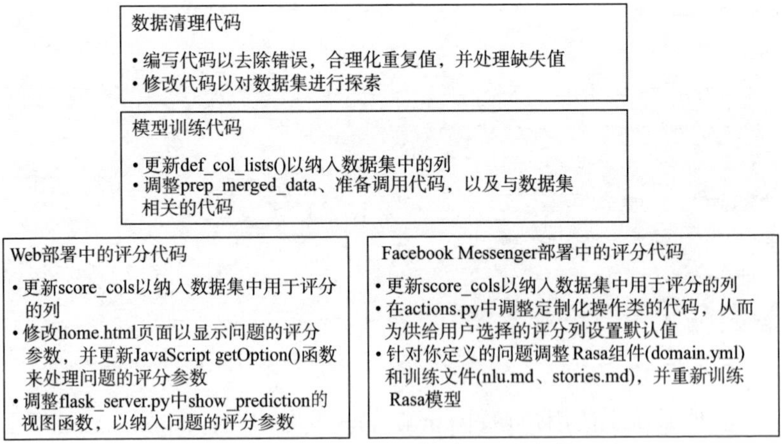

```
数据清理代码
• 编写代码以去除错误，合理化重复值，并处理缺失值
• 修改代码以对数据集进行探索

模型训练代码
• 更新def_col_lists()以纳入数据集中的列
• 调整prep_merged_data、准备调用代码，以及与数据集
  相关的代码
```

```
Web部署中的评分代码
• 更新score_cols以纳入数据集中用于评分
  的列
• 修改home.html页面以显示问题的评分
  参数，并更新JavaScript getOption()函数
  来处理问题的评分参数
• 调整flask_server.py中show_prediction的
  视图函数，以纳入问题的评分参数
```

```
Facebook Messenger部署中的评分代码
• 更新score_cols以纳入数据集中用于评分的列
• 在actions.py中调整定制化操作类的代码，从而
  为供给用户选择的评分列设置默认值
• 针对你定义的问题调整Rasa组件(domain.yml)
  和训练文件(nlu.md、stories.md)，并重新训练
  Rasa模型
```

图 9.13　为新数据集创建模型需要进行的更改

　　如果想将本书介绍的方法应用于新的数据集，你需要思考的第一个问题就是新的数据集是否能满足深度学习项目的最低要求。可考虑使用深度学习来处理的结构化数据集的一些特征如下。

- *足够大*——回顾一下第 3 章探讨的深度学习项目需要多大的结构化数据集才能获得成功的问题。没有成千上万条记录的数据集太小。另一方面，除非你具有丰富的经验和资源来处理大规模数据集，否则包含数千万条记录的数据集处理起来将会是一个很大的挑战。一般来说，含有 70 000～10 000 000 条记录的数据集会是一个很好的起点。

- *异构*——如果你的数据集完全由连续型列组成，那么使用非深度学习方法(如 XGBoost)进行处理可能会对你更有益。但是，如果你的数据集中包含多种类型的列，如分类型列，尤其是文本型列，那么它可能比较适合采用深度学习方法来处理。如果你的数据集包含非文本型的 BLOB 数据(如图像等)，则可将深度学习应用于整个数据集，这样做比单独将其应用于 BLOB 数据的传统做法更高效。

- *不会太失衡*——在重构的有轨电车延误数据集中，大约只有 2%的记录表示相应的路线/方向/时隙组合上存在延迟情况。如第 6 章所述，Keras 中 fit 命令的相关参数可用来处理数据集中的不平衡问题。但是，如果数据集极度失衡，也就是只有一小部分数据属于其结果，那么深度学习模型不太可能获取这些代表少数结果的特征信号。

　　接下来考虑几个开源的数据集，并使用上述准则来快速评估与这些数据集相关的问题是否可使用深度学习方法。

- *交通信号车辆和行人流量数据集*(http://mng.bz/ZPw9)——该数据集与有轨电车延误数据集出自相同的数据集合。它包含多伦多市一组路口的交通流量信息。使用此数据集来预测未来的交通流量显然会很有意思。那么，这个问题是否适合使用深度学习来处理？图 9.14 显示了该数据集包含的各种列，包括连续型、分类型以及地理空间型列。

TCS #	Main	Midblock Route	Side 1 Route	Side 2 Route	Activation Date	Latitude	Longitude	Count Date	8 Peak Hr Vehicle Volume	8 Peak Hr Pedestrian Volume
2	JARVIS ST		FRONT ST E		11/15/1948	43.649418000	-79.371446000	06-21-2017	15662	13535
3	KING ST E		JARVIS ST		08/23/1950	43.650460600	-79.371923900	09-17-2016	12960	7333
4	JARVIS ST		ADELAIDE ST E		09/12/1958	43.651533700	-79.372360000	11-08-2016	17770	7083
5	JARVIS ST		RICHMOND ST E		04/21/1962	43.652717600	-79.372824000	12-08-2015	19678	4369
6	JARVIS ST		QUEEN ST E		08/24/1928	43.653704000	-79.373238000	09-17-2016	14487	3368
7	JARVIS ST		SHUTER ST		11/18/1948	43.655357000	-79.373862000	11-08-2016	15846	3747

图 9.14　交通信号车辆和行人流量数据集中的列

图 9.15 表明交通流量的分布还算均衡。

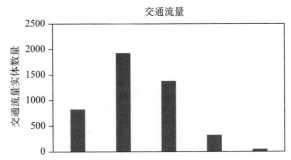

图 9.15　交通信号车辆和行人流量数据集中的交通流量分布情况

该数据集的问题在于它太小了(只有 2300 条记录)，因此尽管它包含一组有趣的列，且有不错的平衡性，但它显然不适合使用深度学习方法。其他与有轨电车延误问题类似的数据集又怎么样呢？

● 多伦多地铁延误数据集(https://open.toronto.ca/dataset/ttc-subway-delaydata)——如图 9.16 所示，该地铁延误数据集包含一系列类型的列，包括分类型、连续型以及地理空间型。整个数据集大约有 50 万条记录，因此它足够大，可引起人们的兴趣，且处理起来不会太费力。

Date	Time	Day	Station	Code	Min Delay	Min Gap	Bound	Line	Vehicle
2019-12-01	00:23	Sunday	WARDEN STATION	MUSAN	5	10	E	BD	5117
2019-12-01	00:59	Sunday	OLD MILL STATION	MUSAN	5	10	E	BD	5293
2019-12-01	01:13	Sunday	BROADVIEW STATION	TUMVS	0	0	W	BD	5221
2019-12-01	08:00	Sunday	BLOOR DANFORTH SUBWAY	MUO	0	0		BD	0
2019-12-01	08:00	Sunday	BLOOR DANFORTH SUBWAY	MUO	0	0		BD	0
2019-12-01	08:45	Sunday	BLOOR DANFORTH SUBWAY	TUST	0	0	E	BD	5091
2019-12-01	09:00	Sunday	ST PATRICK STATION	TUSC	0	0	S	YU	6051
2019-12-01	09:05	Sunday	VICTORIA PARK STATION	TUOS	0	0	W	BD	5368
2019-12-01	09:15	Sunday	KIPLING STATION	EULT	3	8	E	BD	5009

图 9.16　地铁延误数据集

与有轨电车延误数据集相比，该数据更加均衡，因为地铁上报告的延误情况大约是有轨电车系统的 7 倍。有趣的是，该数据集的位置数据是极为准确的。在多伦多市的 75 个地铁站中，每次延迟都会被标识出来。而且，任意两个站点之间的空间关系都易于编码，且不必使用经纬度。此外，在评分时，用户可从选择列表中选择地铁站来准确地指定行程的起点和终点。因此，将位置信息加入地铁延误预测模型的训练数据中，比将位置数据添加到有轨电车延误模型要容易得多。故总体而言，地铁延误预测项目是适合使用深度学习来处理的。

现在，我们已经研究了一些可能适合使用深度学习来处理的结构化数据集，9.9 节将简要介绍在准备训练深度学习模型所需的新数据集时，需要执行哪些步骤。

9.9　准备数据集并训练模型

选定构建深度学习模型所需的数据集之后，接下来要清理数据集。第 3 章和第 4 章已经介绍了相关的示例，这些示例可指导你处理数据集中的不良值和缺失值问题。不过，由于数据集及其数据的混乱程度不同，所需的清理步骤也会有所不同。

关于清理数据，你可能会问，为什么 9.4 节中描述的天气数据不需要清理。为了回答这个问题，可回想一下第 2 章中提到的例子：使用各种媒体来制作蓝光光盘(如图 9.17 所示)。

该示例旨在说明，人们当初记录各种媒体信息时并未考虑蓝光光盘问题，同样，对于可用于探索深度学习的数据集而言，人们当初收集这些数据并不是为了将其用于机器学习或者深度学习。因此，我们需要对这些凌乱的现实数据集进行清理，然后才能将其用于训练深度学习模型。另一方面，Dark Sky 的天气数据或 Google 地理编码数据之类的数据源本就能提供不需要清理的干净、连贯的数据流。对于深度学习而言，这些数据源就像蓝光光盘问题中的高清数字视频剪辑一样：不必清理，可直接并入。

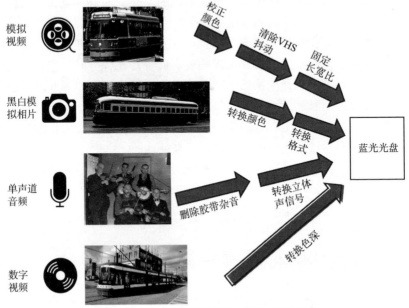

图 9.17　使用多种媒体资源来制作蓝光光盘

　　清理完数据集之后，下一步要替换其中所有的非数字值，例如用整数标识符替换分类型值。可调整训练代码，以便为新的数据集创建一个数据帧。在添加天气数据的示例中，需要将用于模型训练的列关联到 def_col_lists() 函数中正确的类别里。此外，还需要确定数据集中哪列包含目标值。通过这些更改，你就能训练模型并对新的数据集进行预测，最后得到训练完毕的模型以及用于准备数据的pipeline。

　　在进一步探讨如何调整有轨电车延误问题的代码以将其用于另外一个主题领域之前，此处有必要先回顾一下第 4 章中介绍的一个观点：领域知识在机器学习项目中至关重要。第 4 章说明了选择有轨电车延误问题作为本书扩展示例的原因之一是我碰巧了解这个问题。因此，当你考虑将深度学习技术应用于新的学科领域时，请记住这一点：如果你想创建一个成功的项目，不管它是你为了训练自己的技能而进行的小项目，还是你的组织将未来押在其上的大项目，你都需要获取相关主题领域的专业知识。

9.10　通过 Web 部署来部署模型

现在，你已为新的数据集提供了经过训练的深度学习模型和 pipeline，可考虑如何部署模型了。如果你选择使用第 8 章中描述的 Web 部署选项来部署你的新模型，则需要对 deploy_web 目录中的代码进行如下更新。

- 更新 home.html 中的下拉列表(如下面的代码片段所示)，以显示供用户选择并发送给训练模型进行评分的参数。在有轨电车延误预测的 Web 部署中，所有评分参数都是分类型的(也就是说，都可从列表内的元素中选择)。因此，如果你的模型包含连续型评分参数的话，你需要在 home.html 页面中添加控件，使用户可在其中输入连续值：

```
<select id="route">
    <option value="501">501 / Queen</option>
    <option value="502">502 / Downtowner</option>
    <option value="503">503 / Kingston Rd</option>
    <option value="504">504 / King</option>
    <option value="505">505 / Dundas</option>
    <option value="506">506 / Carlton</option>
    <option value="510">510 / Spadina</option>
    <option value="511">511 / Bathurst</option>
    <option value="512">512 / St Clair</option>
    <option value="301">301 / Queen (night)</option>
    <option value="304">304 / King (night)</option>
    <option value="306">306 / Carlton (night)</option>
    <option value="310">310 / Spadina (night)</option>
</select>
```

- 更新 home.html 页面中的 getOption()这一 JavaScript 函数，从而将模型的评分参数加载到 JavaScript 变量中。下面的代码片段显示了 getOption()的内容，该代码块用于将有轨电车延误预测模型的评分参数加载到 JavaScript 变量中：

```
selectElementRoute = document.querySelector('#route');
selectElementDirection = document.querySelector('#direction');
selectElementYear = document.querySelector('#year');
selectElementMonth = document.querySelector('#month');
selectElementDaym = document.querySelector('#daym');
selectElementDay = document.querySelector('#day');
selectElementHour = document.querySelector('#hour');
route_string = \
  selectElementRoute.options\
[selectElementRoute.selectedIndex].value
direction_string = \
selectElementDirection.options\
[selectElementDirection.selectedIndex].value
year_string = \
selectElementYear.options\
[selectElementYear.selectedIndex].value
month_string = \
selectElementMonth.options\
[selectElementMonth.selectedIndex].value
daym_string = \
selectElementDaym.options\
[selectElementDaym.selectedIndex].value
day_string = \
selectElementDay.options\
[selectElementDay.selectedIndex].value
hour_string = \
  selectElementHour.options\
[selectElementHour.selectedIndex].value
```

- 进一步更新 home.html 页面中的 getOption() JavaScript 函数，以使用模型的评分参数构建目标 URL。下面的代码片段显示了 getOption()中的语句，这些语句定义了有轨电车延误预测部署的目标 URL：

```
window.output = \
prefix.concat("route=",route_string,"&direction=",\
direction_string,"&year=",year_string,"&month=",\
month_string,"&daym=",daym_string,"&day=",\
day_string,"&hour=",hour_string)
```

● 更新 flask_server.py 中 show_prediction.html 的视图函数，以
便为每个预测结果构建在 show_prediction.html 页面中显示
的字符串：

```
if pred[0][0] >= 0.5:
    predict_string = "yes, delay predicted"
else:
    predict_string = "no delay predicted"
```

通过上述更改，你应该能使用第 8 章中描述的 Web 部署来完成
新模型的简单部署了。

9.11　使用 Facebook Messenger 部署模型

如果你选择使用第 8 章中描述的 Facebook Messenger 部署方法
来解决新的问题，那么你同样需要更新 actions.py 中的评分代码，包
括将 score_cols 设置为用于训练模型的列的名称等。此外，在评分
阶段还需要更新相关代码，以便为用户可能未提供的值设置默认值。
在进行了这些更改之后，就可通过 Python 代码使用训练完毕的模型
对新的数据点进行评分操作。

当然，单靠 Python 代码并不能完成综合使用 Rasa 和 Facebook
Messenger 进行的部署。你还要在 Facebook Messenger 中创建自然的
终端用户界面，为完成此任务，你需要创建一个简单的 Rasa 模型。
可使用有轨电车延误预测模型部署的示例来了解如何在 nlu.md 文件
中指定单句级别的 Rasa 训练示例，以及在 stories.md 文件中设置多
语句 Rasa 训练示例。定义正确的插槽(slot)集合的操作显然更具挑战

性。建议你先创建一个插槽，并将其与 score_cols 中的每个列名相对应。可在 domain.yml 文件中定义这些插槽。为简便起见，可将每个插槽的类型设置为文本型。此外，最好避免使用多余的插槽。因此，如果你一开始是从有轨电车延误示例中复制 domain.yml 文件的话，建议先清除原有的插槽值，然后定义新的插槽值。

要完成新模型其余的部署动作，可参考第 8 章中部署有轨电车延误预测模型的如下步骤。

(1) 创建一个名为 new_deploy 的目录。

(2) 在该目录下运行如下命令以设置基本的 Rasa 环境：

```
rasa init
```

(3) 将已训练模型的 h5 文件和 pipeline 的 pkl 文件分别复制到 models 和 pipelines 目录中。

(4) 将 new_deploy 目录中的 actions.py 文件替换为新部署的 actions.py 文件。

(5) 将 data 子目录中的 nlu.md 和 stories.md 文件替换为新部署的 nlu.md 和 stories.md 文件。

(6) 将 new_deploy 目录中的 domain.yml 文件替换为新部署的 domain.yml 文件。

(7) 将 custom_classes.py 和 endpoints.yml 文件复制到 new_deploy 目录下。

(8) 将 deploy_config.yml 配置文件复制到 new_deploy 目录下，并更新 pipeline 和模型文件名参数，使之与步骤(3)中复制到 pipelines 和 models 目录下的文件相对应。如下面的代码清单 9.3 所示。

代码清单 9.3　部署配置文件中需要更新的参数

```
general:
debug_on: False
logging_level: "WARNING" # switch to control logging - WARNING
for full
    ➥ logging; ERROR to minimize logging
```

```
BATCH_SIZE: 1000                           替换为在步骤(3)中复制到 pipelines 目录
file_names:                                下的 pipeline 文件的名称
pipeline1_filename: <your pipeline1 pkl file> ◄────────┘
pipeline2_filename: <your pipeline2 pkl file>
model_filename: <your trained model file> ◄─────────┐
                                           替换为在步骤(3)中复制到 models 目录下
                                           的已训练模型的 h5 文件的名称
```

(9) 在 new_deploy 目录下运行如下命令，从而在 Python 环境中
为 Rasa 调用 actions.py：

```
rasa run actions
```

(10) 在 ngrok 安装目录中，调用 ngrok，使 Facebook Messenger
可通过端口 5005 访问 localhost。下面给出了在 Windows 平台上运行
的命令，此外，需要记下 ngrok 输出结果中的 https 转发的 URL：

```
.\ngrok http 5005
```

(11) 在 new_deploy 目录下运行如下命令以训练 Rasa 模型：

```
rasa train
```

(12) 按照 http://mng.bz/oRRN 上的说明添加新的 Facebook 页
面。可在新部署中继续使用第 8 章中创建的同一个 Facebook 应用程
序。记得记下页面访问的令牌和应用密钥。在步骤(13)中需要使用
这些值来更新 credentials.yml 文件。

(13) 更新 new_deploy 目录中的 credentials.yml 文件，以设置验
证令牌(你选择的字符串值)、应用密钥以及页面访问令牌(在步骤(12)
中 Fackbook 创建期间获取到的值)：

```
facebook:
  verify: <你选择的验证令牌>
  secret: <Facebook 应用创建期间获取的应用密钥>
  page-access-token: <Facebook 应用创建期间获取的页面访问令牌>
```

(14) 使用你在步骤(13)中为 credentials.yml 设置的凭证，在
new_deploy 目录中运行如下命令来启动 Rasa 服务器：

```
rasa run --credentials credentials.yml
```

(15) 在第 8 章中创建的 Facebook 应用中，选择 Messenger-> Settings，向下滚动到 Webhooks 部分，然后点击 Edit Callback URL。使用在步骤(10)中调用 ngrok 时记下的 https 转发的 URL 来替换 Callback URL 值的初始部分。在 Verify Token(验证令牌)字段中，输入你在步骤(13)中于 credentials.yml 文件中设置的验证令牌，然后单击 Verify and Save (验证并保存)。

(16) 在 Facebook Messenger(移动或者 Web 应用端)中搜索你在步骤(12)中创建的 Facebook 页面的 ID，然后输入查询，以确保你部署的模型可访问。

至此，本章已经介绍了将有轨电车延误预测模型所采用的方法应用到新的结构化数据集上时需要采取的步骤。现在，当你想用深度学习来处理结构化数据时，可使用本书介绍的示例代码来解决新问题了。

9.12 使本书中的方法适用于不同的数据集

为了更轻松地将本书中介绍的方法应用于新领域的问题，本节将简要介绍如何调整有轨电车延误预测问题的代码，以处理新数据集。当然，此处不会详细描述整个端到端的解决方案，而只是从初始数据集开始，直至训练出一个最小化的深度学习模型。

需要找到一个足够大的数据集，让深度学习能有用武之地(至少有数万条记录的数据集)，但是该数据集不能太大，以免数据量成为大问题。我查看了最近流行的机器学习竞赛网站 Kaggle，以期找到一个合适的表格结构化数据问题。我发现，预测纽约市 Airbnb 房源价格问题(https://www.kaggle.com/dgomonov/new-york-city-airbnb-open-data)的数据集很有趣。对于本书介绍的方法而言，这可能是个不错的选择。图 9.18 显示了该数据集的一个片段。

该数据集包含 16 列，记录数接近 89 000 条，因此数据集的大小和复杂性都处于正常水平。接下来检查一下每列中的内容。

id	name	host_id	host_name	neighbourhood_group	neighbourhood	latitude	longitude	room_type
2539	Clean & quiet apt h	2787	John	Brooklyn	Kensington	40.64749	-73.9724	Private room
2595	Skylit Midtown Cast	2845	Jennifer	Manhattan	Midtown	40.75362	-73.9838	Entire home/apt
3647	THE VILLAGE OF HA	4632	Elisabeth	Manhattan	Harlem	40.80902	-73.9419	Private room
3831	Cozy Entire Floor of	4869	LisaRoxanne	Brooklyn	Clinton Hill	40.68514	-73.9598	Entire home/apt

price	minimum_nights	number_of_reviews	last_review	reviews_per_month	calculated_host_listings_count	availability_365
149	1	9	2018-10-19	0.21	6	365
225	1	45	2019-05-21	0.38	2	355
150	3	0			1	365
89	1	270	2019-07-05	4.64	1	194

图 9.18 纽约市 Airbnb 数据集的记录样例

- id——房源的数字标识符。
- name——房源名称。
- host_id——与房源关联的房主的数字标识符。
- host_name——与房源关联的房主的名称。
- neighbourhood_group——邻近组，房源所在的纽约市区：曼哈顿、布鲁克林、皇后区、布朗克斯或史泰登岛。
- neighbourhood——邻近房源。
- latitude——房源所在的纬度。
- longitude——房源所在的经度。
- room_type——房源的房型：整个住宅、私人房间或合住的房间。
- price——房源的价格(深度学习模型的预测目标)。
- minimum_nights——可预订房源的最少住宿天数。
- number_of_reviews——Airbnb 网站上列出的评论数量。
- last_review——房源最新评论的发布日期。
- reviews_per_month——房源每月的平均评论数。
- calculated_host_listings_count——与该房源房主相关的房源数量。
- availability_365——该房源在这一年可出租的时间段。

这些列的类型很有意思。

- *连续型*——price、minimum_nights、number_of_reviews、

reviews_per_month、calculated_host_listings_count、availability_ 365。

- *分类型*——neighbourhood_group、neighbourhood、room_type、host_id。
- *文本型*——name，可能还有 host_name。

除了上述这些容易分类的列之外，还有 id(从模型训练的角度而言，这一列没什么价值)、longitude 和 latitude(就本练习而言，可根据邻近房源进行定位)，以及 last_review(就本练习而言，我们将不使用此列)。

与有轨电车延误数据集相比，纽约市 Airbnb 数据集的混乱程度要小得多。先来看一下每列中缺失值的数量和唯一值的数量(如图 9.19 所示)。

列名	缺失值数量	唯一值计数
id	0	48895
name	16	47905
host_id	0	37457
host_name	21	11452
neighbourhood_group	0	5
neighbourhood	0	221
latitude	0	19048
longitude	0	14718
room_type	0	3
price	0	674
minimum_nights	0	109
number_of_reviews	0	394
last_review	10052	1764
reviews_per_month	10052	937
calculated_host_listings_count	0	47
availability_365	0	366

图 9.19 纽约市 Airbnb 数据集中列的特征

　　与有轨电车延误数据集相比，纽约市 Airbnb 数据集含缺失值的列更少。此外，所有的分类型列(neighbourhood_group、neighbourhood 以及 host_name 等)似乎都有合法的数值。相较之下，有轨电车延误数据集中的方向、位置以及路线列中均包含无效的值。例如，在原始的有轨电车延误数据集中，方向列包含 15 个不同的值，但实际上只有 5 个有效值。

　　纽约市 Airbnb 数据集中的数据，混乱性相对较小，这凸显了 Kaggle 提供的数据集存在的问题之一。尽管这些数据集非常适合用来练习机器学习算法，而且在 Kaggle 上参加比赛是一种很好的学习方法，但是这些经过挑选和清理的数据集显然更适合用在比赛中，而不能代替现实世界的数据集。如第 3 章和第 4 章所述，真实世界中的数据集往往会出现各种意想不到的问题，并且你通常需要费一番功夫来处理数据，然后才能将其用来训练模型。airbnb_data_preparation notebook 包含了必须对 Airbnb 数据集进行的有限数据处理工作(将 CSV 文件导入 Pandas 数据帧中，并使用默认值替换缺失值等)。

　　下面的代码清单 9.4 显示了与本示例相关的代码文件。

代码清单 9.4　与 Airbnb 价格预测示例相关的代码文件

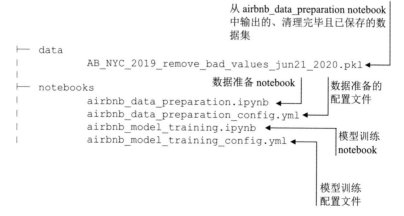

airbnb_data_preparation notebook 保存了清理后的数据帧的

pickle 版本，可用作深度学习模型训练 airbnb_model_training notebook 的输入。该 notebook 是有轨电车延误预测问题的模型训练 notebook 的简化版。这个简单的模型旨在预测 Airbnb 房源的价格是低于(0)还是高于(1)平均价格。与本书中的主示例使用的版本相比，该 notebook 主要进行了以下更改：

- 分类型、连续型和文本型列的列表成员资格是在配置文件 airbnb_model_training_config.yml 中设置的，而不是在 notebook 中设置的(如代码清单 9.5 所示)。

代码清单 9.5　Airbnb 价格预测模型的列类别参数

```
categorical:                          分类型列的
        - 'neighbourhood_group'       列表
        - 'neighbourhood'
        - 'room_type'
continuous:                           连续型列的
        - 'minimum_nights'            列表
        - 'number_of_reviews'
        - 'reviews_per_month'
        - 'calculated_host_listings_count'
text: []
excluded:                             训练模型中排
        - 'price'                     除列的列表
        - 'id'
        - 'latitude'
        - 'longitude'
        - 'host_name'
        - 'last_review'
        - 'name'
        - 'host_name'
        - 'availability_365'
```

文本型列的列表

- 可直接从 airbnb_data_preparation notebook 生成的 pickle 文件中读取数据集，并将其输入 pipeline。相比之下，有轨电车延误预测模型的模型训练 notebook 中包含大量用于重构数据集的代码。

为了探讨该模型训练是否适用于纽约市 Airbnb 数据集，此处将运行与第 6 章中有轨电车延误预测模型相同的系列实验，并使用如下各列训练模型。

- *连续型*——minimum_nights、number_of_reviews、reviews_per_month、calculated_host_listings_count。
- *分类型*——neighbourhood_group、neighbourhood、room_type。

图9.20 显示了在纽约市 Airbnb 数据集上运行这些实验所得到的结果。

实验编号	迭代次数	是否启用提前停止	目标值为"1"(延误)的权重	提前停止控制		最终验证准确度	基于测试集的精度：真正值/(真正值+假正值)	基于测试集的召回率：真正值/(真正值+假负值)
				monitor	mode			
1	10	否	1.0	NA	NA	0.73	0.6	0.25
2	50	否	1.0	NA	NA	0.75	0.57	0.8
3	50	否	价格≤均值/价格>均值	NA	NA	0.55	0.4	0.9
4	50	是	价格≤均值/价格>均值	验证损失	最小值	0.74	0.53	0.86
5	50	是	价格≤均值/价格>均值	验证准确度	最大值	0.73	0.58	0.78

图 9.20　纽约市 Airbnb 模型实验结果汇总

如你所见，通过最少的代码更改，即可利用纽约市 Airbnb 数据集来获得合理的结果。当然，本节中描述的调整方法并不是完整的，但它说明了如何使用本书介绍的方法来为新的数据集训练深度学习模型。

9.13　其他的学习资源

为了构建针对有轨电车延误预测问题的端到端的深度学习解决方案，本书涉及了广泛的技术和工具。但是，对于内容如此丰富，而发展又如此迅猛的深度学习世界而言，本书只作了肤浅的探讨。如果你继续深入探索深度学习的话，建议参考下列资源。

- *在线深度学习课程*——fast.ai 上面向程序员的实用深度学习课程(https://course.fast.ai/)是你可访问的深度学习入门教程，它旨在让你在实战中学习。该课程涵盖了经典的深度学习应用程序，如图像分类、推荐系统以及其他深度学习应用。这门课激发了我将深度学习应用于结构化数据的兴趣。你还可通过该课程对应的论坛与其他学习者联系，同时免费在线观看课程。此外，该课程的指导老师 Jeremy Howard 思维清晰且非常热情。

  另外一门在线深度学习课程是 deeplearning.ai 网站上的专业深度学习课程(http://mng.bz/PPm5)。由深度学习方面的传奇人物 Andrew NG[1] 讲授的这一系列在线课程，从深度学习的基础理论开始，逐步扩展到了编码等主题。你可免费浏览 DeepLearning.ai 上的课程，但如果想对课程作一些标记，并在课程结束时获得证书的话，就需要支付一定的费用。该专业课程分为 5 个主题，涵盖了与深度学习相关的技术和实践问题。fast.ai 上的编码内容更为有趣，而 DeepLearning.ai 则在相关的数学知识方面讲解得更好。因此如果时间和精力允许的话，建议你认真学习一下这两门课程，以全面了解深度学习的基础知识。

- *书籍*——第 1 章提到了 Francois Chollet 的著作《Python 深度学习》，该书简明扼要地介绍了如何使用 Python 运行深度

---

1 译者注：Andrew NG 即知名华人机器学习专家吴恩达。

学习。如果你想深入了解 fast.ai 上的课程使用的 PyTorch 库，可参阅 Eli Stevens 等人著作的《使用 PyTorch 进行深度学习》一书。此外，Stephan Raaijmakers 编写的《面向 NLP 的深度学习》也是一本很好的著作，该书主要讲深度学习在 NLP 方面的特定应用。Mohamed Elgendy 的《面向视觉系统的深度学习》同样值得参阅。如果你想使用 Python 之外的语言来研究深度学习，那么 François Chollet 和 J. J. Allaire 合著的《R 语言深度学习》，以及 Shanqing Cai 等人著作的《JavaScript 深度学习》等书都值得参考。前者阐述了如何使用另一种经典机器学习语言——R 语言来探索深度学习，而后者则充分展示了如何通过 TensorFlow 来使用 Web 开发语言 JavaScript 创建深度学习模型。最后，fast.ai 上的主讲人 Jeremy Howard 与 Fastai & PyTorch 合著了《面向程序员的深度学习》(O'Reilly Media，2020 年出版)一书，该书不仅对 fast.ai 上的课程进行了扩展，而且包含了面向结构化数据的深度学习的相关知识。

- *其他资源*——除了在线课程和书籍之外，还有许多资源也可用于进一步了解深度学习。实际上，深度学习相关的资料浩如烟海，以至于你很难确定最好的学习资源。要了解与深度学习相关的前沿技术，可先浏览一下由 arXiv 审核并收录的与新近机器学习相关的论文清单(https://arxiv.org/list/cs.LG/recent)。不过，由于该网站收录的论文清单和材料数量太大，你可能会望而生畏。我比较喜欢 Medium 网站，尤其是"走向数据科学"(https://towardsdatascience.com)的出版物。从这里，我们可获取与深度学习相关的各种短文。Medium 还允许你撰写文章，并与其他对机器学习感兴趣的人分享你的技术成就。

除了上述关于深度学习的资源之外，在应用深度学习处理结构化数据领域，同样出现了一些有趣的进展。例如，Google 的 TabNet (https://arxiv.org/abs/1908.07442)专门介绍了将深度学习应用于结构化数据的问题。http://mng.bz/v99x 上的文章则精辟地总结了 TabNet 方法，且能指导你将 TabNet 应用于新问题。该文章解释说，TabNet 引入了一种关注机制(http://mng.bz/JDmQ)，使网络可学习到输入的哪些子集将会聚焦于目标对象，从而提升模型的可解释性(即确定哪些输入对输出足够重要)。

9.14　本章小结

- 我们可将其他数据源添加到用于训练有轨电车延误预测模型的数据集中。例如，可添加关于有轨电车路线子集的信息，使你的用户可获得针对有轨电车路线特定路段的预测结果。还可加入天气数据，从而将极端天气可能会对有轨电车旅程造成的影响纳入考虑范畴。

- 本书中描述的方法同样适用于其他数据集。通过一些小的修改，就可调整有轨电车延误预测模型的数据准备和模型训练 notebook，从而训练新的模型来预测纽约市 Airbnb 房源的价格。

- 在评估某个特定的结构化数据集是否适合深度学习时，应确保数据集足够大(至少包含上万条记录)、足够多样(包含各种列类型)，且足够平衡(使深度学习模型能使用足够的示例来获取信号)。

- 可使用 ngrok 使第 8 章中的 Web 部署能被本地系统之外的用户使用。

- 与深度学习相关的资料一直在增加。我们可利用各种从不同角度探索深度学习的书籍，例如关于其他编程语言(如 JavaScript)的书，或者是其他应用领域(如 NLP)的书。除了书籍之外，还有众多实用的在线资料，例如免费课程、博客以及学术文章等。

附录

使用Google协作实验室
(Google Colaboratory)

本书的第 2 章介绍了可用于创建和训练深度学习模型的开发环境。当时，我推荐将 Paperspace Gradient 作为首选的云端深度学习开发环境来使用，因为它能平衡成本和功能。当然，它不是免费的，但是与 GCP、AWS 或 Azure 中的机器学习环境相比，Paperspace Gradient 更易于控制成本。不过，如果你更关注成本问题，那么可考虑 Google 的 Colaboratory(本附录中将其称为 Colab)，它提供了一个完全免费的环境，而该环境对于基本的深度学习项目而言，已经完全够用了。因此，本附录将为你介绍该环境的一些关键点，以便你使用 Colab 来练习本书中的示例代码，并对比 Colab 和 Paperspace Gradient 的优劣。

A.1　Colab 简介

Colab 是一个免费的云端 Jupyter Notebook 环境，可用来开发深度学习项目。Google 提供了关于使用 Colab 的综合简介(http://mng.bz/w92g)，它涵盖了你所需的相关知识。此外，http://mng.bz/VdBG 上的文章也包含许多关于使用 Colab 的有用技巧。

下面将简单概括一下 Colab 的一些关键特性。

- Colab 提供了多种硬件配置，包括访问 GPU 和 TPU(专门为 TensorFlow 设计的 Google 硬件加速器)。
- 要使用 Colab，需要注册一个 Google ID(http://mng.bz/7VY4)。
- 如果你尚未为自己的 Google 账户设置 Google 云硬盘，请按 照 http://mng.bz/4BBB 上的说明进行设置。
- Colab 的界面是一个结合了 JupyterLab(Jupyter 基于 Web 的 界面)某些特性的用户界面。尽管 Colab 的界面与你熟悉的 Jupyter notebook 界面有所不同，但你很快就能适应它。它 还具有标准 notebook 并不具备的一些有用功能，包括目录 和代码片段库等，你可轻松地将代码片段复制到 Colab notebook 中。图 A.1 显示了 Colab 的界面。

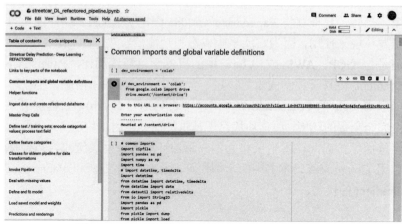

图 A.1　Colab 用户界面：与标准的 notebook 不同

- 默认情况下，当你在 Colab 中保存 notebook 时，该 notebook 会被保存到云硬盘的特殊目录下。因此，你还可以在 Colab 环境之外对其进行访问(如图 A.2 所示)。

本节介绍了使用 Colab 时需要了解的一些关键事项。可参考 Google 的相关文档(http://mng.bz/mgE0)以深入细致地了解如何使用 Colab。不过，下一节将介绍一个关键的功能：如何在 Colab 中使用

Google 的云硬盘。

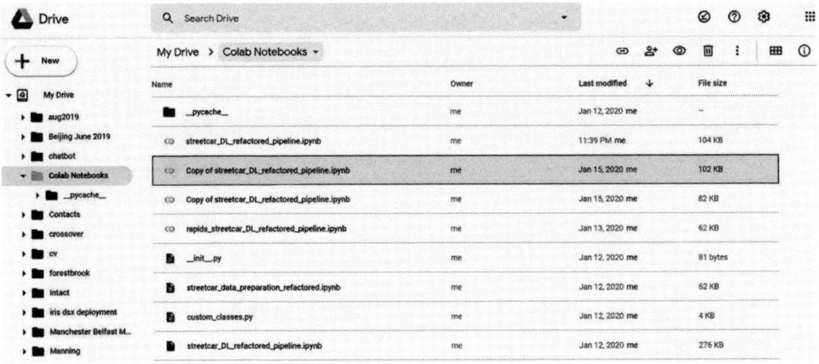

图 A.2 Google 云硬盘中用于保存 Colab notebook 的默认目录

A.2 使用 Google 云硬盘适用于 Colab 会话

如要充分利用 Colab,需要安装 Google 云硬盘,以便在 Colab 会话中对其进行访问。设置云硬盘的访问权限之后,就可在路径 /content/drive/My Drive 中访问 Colab 的 notebook 了。可从云硬盘的目录中读取文件,也可将文件写入云硬盘,就像把它写入本地系统文件一样。

如要从 notebook 中访问云硬盘上的文件,需要执行如下步骤。

(1) 在 notebook 中运行如下命令:

```
from google.colab import drive
drive.mount('/content/drive')
```

一旦运行了上述命令,你将看到如 A.3 所示的结果。

图 A.3 提示输入授权码

(2) 点击链接以选择账户(如图 A.4 所示)。

(3) 在 Google 云硬盘文件流访问的页面中，点击 Allow(如图 A.5 所示)。

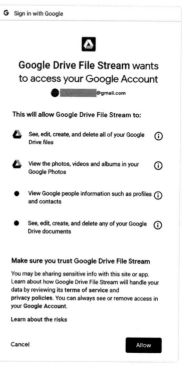

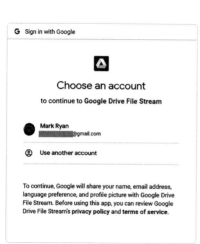

图 A.4 选择账户

图 A.5 允许 Google 云硬盘文件流访问

(4) 在登录页面中，点击复制图标，以复制你的访问密码(如图 A.6 所示)。

图 A.6 复制访问密码

(5) 返回 Colab，粘贴授权密码字段，然后按下 Enter(如图 A.7 所示)。

```
from google.colab import drive
drive.mount('/content/drive')

Go to this URL in a browser: https://accounts.google.com/o/oauth2/auth?client_id=947318989803-6bn6qk8qdgf4n4g3pfee6491hc0brc4i

Enter your authorization code:
••••••••••••••••••••••••••••••••••••••••••••••••••
```

图 A.7　在 Colab notebook 中粘贴访问密码

这将生成如图 A.8 所示的安装消息，以确认 Google 云硬盘已经安装，且能用于 Colab 的 notebook。

```
from google.colab import drive
drive.mount('/content/drive')

Go to this URL in a browser: https://accounts.google.com/o/oauth2/auth?client_id=947318989803-6bn6qk8qdgf4n4g3pfee6491hc0brc4i

Enter your authorization code:
··········
Mounted at /content/drive
```

图 A.8　确认 Google 云硬盘已成功安装

完成本节介绍的步骤后，就可在 Colab 的 notebook 中使用 Google 云硬盘了。A.4 节将对比 Colab 和 Paperspace Gradient 的优劣。

A.3　在 Colab 中使用 repo 并运行 notebook

如想使用 Colab 来运行本书中的示例代码，首先需要了解 Colab 和 Google 云硬盘协同工作时的一些习惯。除了按照 A.2 节中的说明配置 Google 云硬盘，使其适用于 Colab 之外，还需要：

● 将示例代码从 GitHub(http://mng.bz/xmXX)复制到云硬盘的新目录中。
● 确保在运行其中一个 notebook 时，当前目录即复制的 notebook 目录。

首先，执行如下步骤来复制示例代码。

(1) 在云硬盘上，在 root 目录下创建一个新的目录。对于本练习，该新目录的名称为 dl_june_17。

(2) 访问该新目录，右键单击背景，从上下文菜单中选择 more->
Google Colaboratory(如图 A.9 所示)。Colab 即在新选项卡中打开。

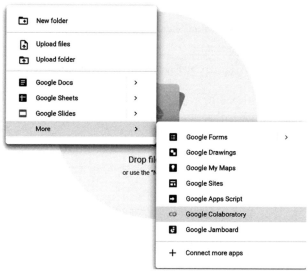

图 A.9　从云硬盘的新目录中启动 Colab

(3) 选择 Connect -> Connect to hosted runtime(如图 A.10 所示)。

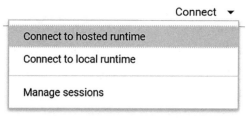

图 A.10　连接到 Colab 中托管的运行时

(4) 按照 A.2 节中的步骤在 Colab 中配置云硬盘。

(5) 如要访问步骤(1)中创建的 dl_june_17 目录，需要在 notebook
中点击+code 来创建一个新的单元，然后将如下代码复制、粘贴到
新单元中并点击运行：

```
%cd /content/drive/My Drive/dl_june_17
```

(6) 在 Colab 的 notebook 里再创建一个新的单元，并在新单元中运行如下代码，以复制示例代码：

```
! git clone https://github.com/ryanmark1867/\
deep_learning_for_structured_data.git
```

现在，你已将示例代码全部复制到云硬盘中了。接下来，可在 Colab 中打开其中一个 notebook。如下步骤展示了如何从代码库中打开模型训练 notebook 并使其准备好运行：

(1) 在 Colab 中，选择 File -> Locate in Drive(如图 A.11 所示)。

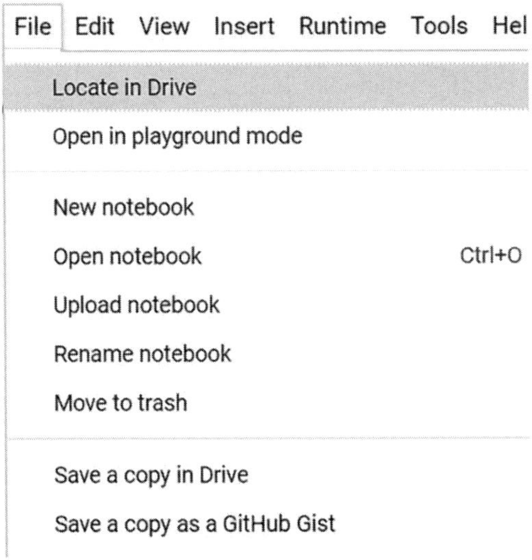

图 A.11　在菜单中选择 Locate in Drive

(2) 导航到存储代码库的 notebooks 目录下。

(3) 双击 streetcar_model_training.ipynb，然后在如下页面中选择 Google Colaboratory(如图 A.12 所示)。streetcar_model_training. ipynb notebook 即在 Colab 中打开。

(4) 选择 Connect -> Connect to Hosted Runtime。

(5) 按照 A.2 节中的说明，确保该 notebook 可访问云硬盘。

图 A.12　在云硬盘中双击 notebook 文件时出现的页面

(6) 在 notebook 中添加一个新的单元，然后运行如下命令，从而将存储示例代码的 notebooks 目录设置为当前目录：

```
%cd /content/drive/My Drive/dl_june_17/deep_learning_for_
structured_data
```

现在，你已完成了相关步骤，可在 Colab 中访问示例代码，并使 notebook 运行起来。请注意，在启动新的 Colab 会话之后，每当你打开一个 notebook 时，都需要按照 A.2 节中介绍的步骤进行操作，以确保该 notebook 可访问云硬盘，并将存储示例代码的 notebooks 目录设置为当前目录。

A.4　Colab 和 Paperspace 的优劣

你的深度学习项目应选择 Colab 还是 Paperspace Gradient，具体取决于你的需求。对于大多数人来说，成本是选择 Colab 的决定性因素。要知道，Paperspace Gradient 在便利性和可预测性方面的优势证明了其成本的合理性。但是，如果你想选择一个零成本的环境，那么 Google 的 Colab 是更为合适的选择。本节将对比 Colab 的优点(包括成本)与 Paperspace Gradient 的优势。

下面列出了 Colab 的一些优点。

- *免费*——Paperspace Gradient 按小时计费，成本适中，并且其计费模式完全透明。但只要它处于活动状态，你就必须每小时都支付费用。此外，如果你使用了基础订阅模式，Gradient notebook 将在 12 小时之后自动关闭(如图 A.13 所示)。因此，如果你有一个活动状态的 Gradient 会话，而你又忘了关闭它，则需要支付 12 个小时的费用。我之所以知道这一点，是因为我曾因忘记关闭 Gradient 会话而白白浪费了一些钱，当晚我的 notebook 运行了一整夜。这给了我一个痛苦的教训。

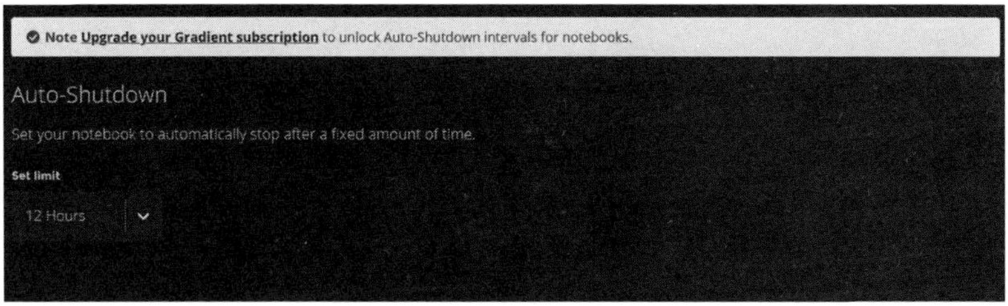

图 A.13　在基础订阅模式下，Gradient notebook 将在 12 个小时之后自动关闭

- *与 Google 云硬盘集成*——如果你已在使用 Google 的云硬盘，你将领略到云硬盘与 Colab 集成的巧妙之处。Google 在此集成方面做得很出色。
- *庞大的用户社区*——Colab 有一个极为庞大的用户社区，在 Stack Overflow(http://mng.bz/6gO5)上有关于 Colab 的各种问题及相应的回答。Paperspace 曾指出，有超过 100 000 个开发人员在使用 Gradient(https://paperspace.com/gradient)。我没有找到类似的关于 Colab 用户的数据，但是，根据 Stack Overflow 上的流量，我们有理由相信，Colab 的用户群体显然更大。

Paperspace Gradient 的一些优点如下。

- *完全集成的环境*——Paperspace Gradient 针对深度学习进行了调整，并使用了标准的 Jupyter 环境。相比之下，Colab 在某些方面不太一样。因此如果你习惯了 Jupyter 的 notebook，那么你可能需要一些时间来掌握 Colab。

- *独立于 Google 的基础架构*——Colab 与 Google 基础架构深度集成；需要有 Google ID 和 Google 云硬盘才可使用 Colab。如果你的工作环境所在的区域有相关司法规定禁止使用 Google 基础架构，那么你将无法使用 Colab。你的工作所在地并不是唯一需要考虑的因素。还需要问一下自己，是否需要在 Google 基础架构上进行深度学习项目的演示或者会议简报，而这是受到法律约束的。

- *专用资源*——你的 Paperspace Gradient 虚拟环境完全是你自己的。在启动实例之后，你可访问所有的资源。但对于 Colab 来说，其使用的资源是无法保证的，你可能在特定的时间无法获得深度学习项目所需的资源。如果你可灵活地决定何时工作，那么这显然不是问题。我在 Colab 中获取资源时从来都没有遇到过问题。但是从理论上讲，你有可能在使用 Colab 时无法获取 GPU 或者 TPU 资源。

- *官方支持*——启动 Paperspace Gradient 环境后，需要在该环境处于活动状态时按小时付费。这项成本可让你获得官方支持。在过去的 2 年间，我与 Paperspace 的支持部门进行过 3 次沟通，并且每次都能快速得到其官方的回复，其解决问题的速度也很快。Colab 是免费的，因此不提供这样的支持。

- *快速模型训练*——对比一下第 7 章中实验 1 的模型训练运行时间(10 次迭代训练，没有设置提前停止，默认权重为 0 和 1)，Paperspace 比 Colab 快 30%(Paperspace 为 1 分 49 秒，而 Colab 为 2 分 32 秒)。我的经验是，在 notebook 的设置中，为硬件加速器设置 None 或者 TPU 时(选择 Runtime -> Change Runtime Type)，可得到最佳的运行结果。对于该测试，选择 GPU 作为硬件加速器反而会产生较差的运行结果(如图 A.14 所示)。

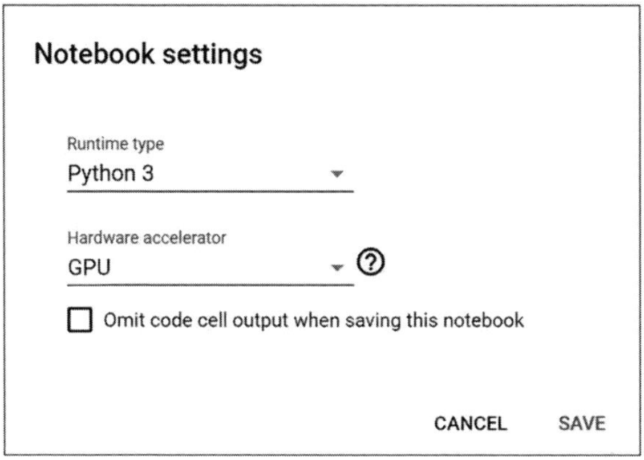

图 A.14 设置硬件加速器

- *训练运行时间的一致性* —— 在 Paperspace 上多次运行相同的训练实验，每次花费的时间基本相同。而在 Colab 上，每次运行的时间却相去甚远。

本节讨论了 Colab 和 Paperspace Gradient 的优缺点。它们都是非常适合深度学习项目的环境，但是究竟该选择哪个，取决于你自己的具体需求。